安博士新农村安全知识普及丛书

实用农机具作业安全知识

吴崇友　主编
白启云　主审

中国劳动社会保障出版社

图书在版编目（CIP）数据

实用农机具作业安全知识/吴崇友主编. —北京：中国劳动社会保障出版社，2017

（安博士新农村安全知识普及丛书）

ISBN 978-7-5167-3200-7

Ⅰ. ①实…　Ⅱ. ①吴…　Ⅲ. ①农业机械-安全技术-普及读物　Ⅳ. ① S220.7-49

中国版本图书馆 CIP 数据核字（2017）第 220883 号

中国劳动社会保障出版社出版发行

（北京市惠新东街 1 号　邮政编码：100029）

*

三河市潮河印业有限公司印刷装订　　新华书店经销

880 毫米 × 1230 毫米　32 开本　6.625 印张　150 千字

2017 年 9 月第 1 版　　2019 年 12 月第 4 次印刷

定价：27.00 元

读者服务部电话：（010）64929211/84209101/64921644

营销中心电话：（010）64962347

出版社网址：http://www.class.com.cn

安博士新农村安全知识普及丛书编委会

主　任　贾敬敦
副主任　黄卫来　孙晓明
编　委　白启云　胡熳华　李凌霄　林京耀　张　辉
　　　　黄　靖　袁会珠　吴崇友　杨志强　熊明民
　　　　刘莉红　肖红梅　郑大玮　高　岱　张　兰

本书编写人员

主　　编　吴崇友
编写人员　涂安富　卢　晏　袁文胜　金　梅　陈建国
主　　审　白启云

前 言

经过多年不懈努力，我国农业农村发展不断迈上新台阶，已进入新的历史阶段。新形势下，农业主要矛盾已经由总量不足转变为结构性矛盾，主要表现为阶段性的供过于求和供给不足并存。推进农业供给侧结构性改革，提高农业综合效益和竞争力，是当前和今后一个时期我国农业政策改革和完善的主要方向。顺应新形势新要求，2017 年中央一号文件把推进农业供给侧结构性改革作为主题，坚持问题导向，调整工作重心，从各方面谋划深入推进农业供给侧结构性改革，为“三农”发展注入新动力，进一步明确了当前和今后一个时期“三农”工作的主线。

深入推进农业供给侧结构性改革，就是要从供给侧入手，在体制机制创新上发力，以提高农民素质、增加农民收入为目的，贯彻“科学技术是第一生产力”的意识，宣传普及科学思想、科学精神、科学方法和安全生产知识，围绕农业增效、农民增收、农村增绿，加强科技创新引领，加快结构调整步伐，加大农村改革力度，提高农业综合效益和竞争力，从根本上促进农业供给侧从量到质的转型升级，推动社会主义新农村建设，力争农村全面小康建设迈出更大步伐。

加快开发农村人力资源，加强农村人才队伍建设，把农业发展方式转到依靠科技进步和提高劳动者素质上来是根本，培养一批能够促进农村经济发展、引领农民思想变革、带领群众建设美好家园的农业科技人员是保证，培育一批有文化、懂技术、会经营的新型农民是关键。为更好地在农村普及科技文化知识，树立先进思想理念，倡导绿色、健康、安全生产生活方式，中国农村技术开发中心组织相关领域的专家，从农业生产安全、农产品加工与运输安全、农村生活安全等热点话题入手，编写了本套“安博士新农村安全知识普及丛书”。

本套丛书采用讲座、讨论等形式，通俗易懂、图文并茂、深入浅出地介绍了大量普及性、实用性的农村生产生活安全知识和技能，包括《实用农业生产安全知识》《实用农机具作业安全知识》《实用农药安全知识》《实用兽药安全知识》《实用农产品加工运输安全知识》《实用农村生活安全知识》《实用农村气象灾害防御安全知识》。希望本套丛书能够为广大农民朋友、农业科技人员、农村经纪人和农村基层干部提供一个良好的学习材料，增加科技知识，强化科技意识，为安全生产、健康生活起到技术指导和咨询作用。

本套丛书在编写过程中得到了中国农业科学院科技管理局、植物保护研究所农业部重点实验室、兰州畜牧与兽药研究所，农业部南京农业机械化研究所主要作物生产装备技术研究中心，中国农业大学资源与环境学院，南京农业大学食品科技学院和中国气象局培训中心等单位众多专家的大力支持。参与编写的专家倾注了大量心血，付出了辛勤的劳动，将多年丰富的实践经验奉献给读者。主审专家投入了大量时间和精力，提出了许多建设性的意见和建议，特此表示衷心感谢。

由于编者水平有限，时间仓促，书中错误或不妥之处在所难免，衷心希望广大读者批评指正。

编委会

二〇一七年二月

内容简介

本书以农业生产过程中常用的拖拉机、柴油机、汽油机、电动机等动力机械及其配套的耕地、整地、播种、移栽、植保、收获、加工机械的典型机型为代表，以讲座的形式介绍了农业机械的基本结构、工作原理，重点介绍了不同作业环境中农机具的安全操作、使用、维护、保养方面的知识和经验。

第一讲介绍了行驶速度较高的自走式农业机械（拖拉机、联合收割机）在道路上安全驾驶的一般知识和经验，第二讲介绍了以旋耕机、播种机、插秧机、喷雾机、联合收割机为代表的田间作业机械的基本结构、工作原理和在田间作业时的安全操作要点及注意事项，第三讲介绍了以脱粒机、碾米机、饲料粉碎机、柴油发电机、电动机为代表的场上作业机械的基本结构、工作原理和在场上固定位置作业时的安全操作要点及注意事项，第四讲介绍了农用动力机械和典型作业机械如何维护保养和消除安全隐患，第五讲讲述了如何选购农机产品和进行质量投诉，第六讲讲述了办理农机过户与报废的相关手续，第七讲介绍了农机监理的相关法律与法规。

本书语言通俗易懂、图文并茂，汇集了编者的实际经验和心血，适合基层广大农机使用者、管理者使用，也可以作为农业机械安全操作培训的参考教材。

目录

第一讲　农机道路驾驶安全技术 /1
话题 1　农机道路运输“五稳” /1
话题 2　手扶拖拉机安全驾驶 /11
话题 3　轮式拖拉机安全驾驶 /17
话题 4　履带式拖拉机安全驾驶 /26
话题 5　联合收割机安全驾驶 /33

第二讲　农机田间作业安全技术 /41
话题 1　旋耕机安全操作 /41
话题 2　播种机安全操作 /48
话题 3　插秧机安全操作 /54
话题 4　喷雾机安全操作 /61
话题 5　联合收割机安全操作 /69

第三讲　农机固定作业安全技术 /86
话题 1　脱粒机安全操作 /86
话题 2　碾米机安全操作 /96
话题 3　饲料粉碎机安全操作 /103
话题 4　柴油发电机安全操作 /111
话题 5　电动机安全操作 /127

第四讲　农机维护保养与安全隐患消除 /136
话题 1　农机保养基本要求与做法 /136
话题 2　插秧机维护保养 /141
话题 3　联合收割机维护保养 /143
话题 4　柴油机维护保养 /147

话题 5　小型汽油机维护保养 /150
话题 6　电动机维护保养 /155
话题 7　农用水泵维护保养 /156
话题 8　微耕机安全操作和维护保养 /158
话题 9　农机安全生产隐患消除 /160

第五讲　农机产品选购与质量投诉 /162
话题 1　农机产品选购与登记 /162
话题 2　农机购机补贴 /167
话题 3　农机产品质量投诉 /172

第六讲　农机过户与报废 /181
话题 1　农机过户与变更 /181
话题 2　封存与启封 /184
话题 3　农机报废 /186

第七讲　农机监理法律法规 /189
话题 1　农机驾驶证申领 /189
话题 2　农机驾驶证换证、补证和审验 /192

参考文献 /196

第一讲

农机道路驾驶安全技术

话题1　农机道路运输"五稳"

道路运输安全驾驶技巧

为确保道路运输安全，农机驾驶员要严格遵守《中华人民共和国道路交通安全法》（以下简称《道路交通安全法》），同时还要做到"五稳"。

装货要稳　装载货物时除了要做到"四不超"（不超长、不超宽、不超高、不超载）外，还要做到装载货物要稳，即要牢固。如果货物超出拖车厢，就要用绳子扎牢，防止在行驶途中货物掉下来砸伤行人，发生事故。

起步要稳　农机起步前，驾驶员要查看前后左右是否有小孩、行人和非机动车。在确认安全的情况下先鸣号然后再低速起步。

会车要稳 在道路上，农机经常要与对面来车会车。两车会车时，要选择在道路宽、视线好、与对面来车横向间距2米以上的情况下进行，做到“一看、二慢、三通过”。

倒车要稳 驾驶员在行驶途中或在装货、卸货地点，经常需要倒车或掉头。驾驶员操作时一定要稳重，特别是在人、车流量大的地方更要谨慎，要看清各方向的行人、非机动车和车辆的动态，在不妨碍其他各方通行的情况下，要有人指挥再掉头或倒车，以确保安全。

停车要稳 农机在运行中，驾驶员根据情况可能随时停车。以拖拉机为例，如发现拖拉机有异响，发现车厢上货物装载不稳等，不少驾驶员往往会紧急刹车，这样不仅会增加拖拉机不必要的磨损，而且如果拖拉机后面有车辆跟车距离太近，容易造成追尾撞车事故。驾驶员需要停车，应选择路面宽的地点，先减速，打右转向灯，然后平稳地停靠在道路右侧，这样可避免事故的发生。

特殊道路安全驾驶技巧

近年来国家实施了一系列支农惠农政策，特别是农机购置补贴资金规模大幅增长，各地农机保有量逐年增加，随之而来的是农机安全风险不断增加，对农机驾驶员的技术要求也越来越高。拖拉机、农用运输车等农业机械主要在乡间道路行驶，作业环境相对恶劣，事故发生概率较大。有关资料显示，特殊道路环境下发生的农机事故占农机事故总量的五成以上。因此，农机驾驶员必须要了解各种道路特点，掌握各种道路条件下的驾驶技巧，做到安全行车、高效用车。

1. 山地道路驾驶技巧

山地道路多为盘山绕行，道路狭窄，地势起伏，视线不良，靠山傍崖，坡陡而长，情况变化多端，常出现急转弯甚至是连续急转弯，危险随处可见。驾驶时要注意以下几点：

- 做好前期检测，确保状况良好。行车前，重点对转向、制动、车轮及声光信号系统等关键部位进行仔细检查，工作性能必须保证绝对可靠。

- 选择适当挡位，严格控制车速。上坡时要有足够的动力，下坡时多用发动机牵引阻力控制车速，尽量少使用制动器，以防制动器过热。严禁空挡滑行，避免使用紧急制动。

- 行车时要注意，靠山崖一侧要留有一定的安全距离，以防石崖或树干等物剐碰机车或货物而发生事故。

- 上坡时不要超车，会车时选择安全路段，必要时提前在安全路段停车等候。

- 遇特殊地段应下车察看道路情况，确认能够通行时再驾车通过。

- 爬陡坡时，应由助手备好三角垫木或石块随时跟车前进，以便在机车后溜失控时及时塞住后轮。助手跟车时一定要在车的侧面，以防塞车时发生意外。

- 通过急转弯道路时，如果因转弯半径小而转弯困难，则机车必须减速沿弯道外侧缓慢行驶，以防后轮碰撞内侧障碍物。如果弯急不能一次通过，可采用倒车变换轮位后继续行驶。如遇连续急转弯的道路，在通过第一弯道时要观察好下一弯道的情况，当机车顺利通过该弯道后，能保证驶向下一弯道的外侧。

在实际操作中，驾驶员总体上需要把握以下原则：一是稳住油门，二是控制车速，三是掌握时机，四是勤鸣喇叭，五是防对面车。

2. 泥泞与翻浆道路驾驶技巧

在泥泞与翻浆道路上行驶时，松软的路面和黏稠的泥浆会在车轮的挤压下产生严重变形，使滚动阻力增大，轮胎附着能力变差，驱动轮容易产生空转打滑和侧滑，机车的制动性能降低，导致驾驶员不易掌握机车的前进方向。驾驶时要注意以下几点：

- 选择较低挡位，保持足够的动力匀速通过。中途不要换挡和停车，以免陷入其中。

- 驾驶员要尽量保持直线行驶，如需转向切不可过急过猛，以防侧滑。如发现转向失灵，应减速并采用单边制动，以帮助转向。如遇机车侧滑，千万不要使用制动器，而应减小油门，并将方向盘向机车后轮横滑一侧适当缓转，使机车逐渐摆正。

- 驱动轮单边打滑时可使用差速锁，利用未打滑的一侧驱动轮驶出打滑地段，然后立即解除连锁装置。如发现两侧驱动轮都打滑，应立即倒车。如倒车也打滑，应赶紧停车，挖走泥浆，铺垫物料，必要时卸下部分货物或借助其他机车拖拉。

3. 村庄街道驾驶技巧

村庄街道人口密集、街道不宽、交通混杂，人们的交通安全意识淡薄，加之孩童有追车戏闹、玩耍的习性，行驶中常有突然变向的人、车或其他动物，因此极易酿成事故。驾驶时要注意以下几点：

- 驾驶过程中要思想集中，耐心谨慎。遇人多时，不要紧张和急躁；遇人少时，也不能掉以轻心，麻痹大意。要控制好车速，随时做好制动停车的准备。

- 牢记自己机车及装载货物的长、宽、高，密切注意街道两侧及桥洞高度，以便提前采取相应措施，保证安全、顺利通过。

- 如果拖带农具机组通过村庄街道，应将农具机组动力切断，并确保农具机组处在转移状态下行进。同时，要有专人护行，以防止孩童追逐攀登。

4. 冰雪道路驾驶技巧

机车在冰雪道路上行驶时，因路面摩擦系数小，车轮容易产生空转和溜滑，造成起步困难、方向失控、不易制动等。冰雪道路上机车行驶的困难程度与道路形状、冰雪厚薄、机车载重多少等都有关系，应根据不同情况采取不同的措施。驾驶时要注意以下几点：

- 起步时要少加油，缓抬离合器踏板，以减少驱动轮滑转，适应较小摩擦力。如起步困难，可在驱动轮下铺垫沙土、炉渣等物，或在驱动轮下及其前方的冰面上，刨挖出横向沟槽以提高摩擦力。

- 行进中要保持匀速行驶，避免加速过猛，以防驱动轮因突然增加转速而打滑。

- 停车时要先利用发动机制动，再缓缓踏下制动器，避免使用紧急制动。

- 转弯时速度要慢，半径要大，不可猛转猛回，以防侧滑。

- 禁止在冰雪道路上空挡滑行。

会车时应选择宽平道路，加大横向间距，尽量不要超车。必须超车时，一定要选好路段，待前车让后车时才可超车。结队行驶时，要加大车与车的安全间距。

通过冰雪坡道时，应根据坡度大小选择适当的挡位，避免中途换挡。当路滑上坡困难时，应铲除冰雪或铺垫沙土、炉渣等物后再上坡。下坡应选用低速挡，利用发动机控制车速，避免紧急制动。停车时应间歇轻踏制动器踏板，直至停稳。

阴雨天气农机驾驶注意要点

阴雨天气视线模糊，易发生农机行车安全事故，因此，要特别注意行车安全。

及时检修车辆 要认真检查车辆的安全技术状况，尤其是制动、灯光及雨刷器等部位。由于阴雨天视线受到干扰，为了警示外界和显示本车外观轮廓，必须亮起防雾灯及示宽灯（轮廓灯）。由于雨雾微粒会凝聚于玻璃上面，影响视线，因此雨刷器（刮水器）必须完备良好。雨水雾水落于路面，使路面变得光滑，摩擦系数大大降低，故制动器必须处于良好的技术状态，以备应付突发情况。

切实提高警惕 驾驶员在出车前要准确地判断天气的能见度，做到心中有数。能见度越低，越要提高警惕，如果能见度小于 10 米，最好不要出车，等阴雨雾气消退或减轻后再出车。

严格控制车速 阴雨天时驾驶员的视线不清，难以判断对面来车和路面行人的动态，同样，对面来车的驾驶员也难以判断本车的状况，所以要严格控制车速，保持低速行驶，严禁开冒险

车和侥幸车。

保持足够车距 阴雨天驾车要延长跟车距离，以便前车发生紧急情况时，能够有足够的应急距离和时间，更不要盲目超车。在刹车时宜缓慢轻柔，严禁急刹车，以防侧滑翻车。

严禁疲劳驾驶 阴雨天行车视线不好，驾驶员精力高度集中，特别是视神经中枢一刻也不敢松弛，所以很容易引起疲劳，由此导致身体疲惫，所以要注意休息，切不可疲劳驾车。

案例

农机驾驶不安全做法 10 例

1. 不经磨合试运转就带负荷作业

新购机或大修后的发动机，未经磨合试运转就带负荷作业，将会造成运动零件的严重磨损，进而使零件丧失工作能力，缩短整机使用寿命。为了减轻零件在初始阶段的磨损，检查并排除零件在制造、修理、装配中存在的问题，使整机各部件相互协调，新购机或大修后的发动机，应按相应的规范（负荷由小到大，转速由低到高，挡位由低到高）进行磨合试运转，经检查调整后再加负荷投入作业。这样做可以充分发挥机械效能，延长使用寿命，防止事故发生。

2. 驾驶拖拉机时吸烟和单手控制方向

驾驶拖拉机时吸烟 有些驾驶员习惯于一边驾车，一边吸烟，理由是吸烟能解闷倦。

殊不知，吸烟既分散驾驶员的注意力，还影响其视线。吸烟产生的烟雾严重刺激眼睛和喉咙，导致驾驶员流泪或睁不开眼，咳嗽加剧。特别是驾驶无驾驶室的手扶拖拉机时，迎风驾车吸烟，烟灰和飞溅的火星都可能成为事故隐患。此外，在麦场作业时，吸烟极易引发火灾，给人民生命财产造成损失。

单手控制方向 或许是因为吸烟、打闹，或许是驾驶员自认为操作水平高，人们时常能见到一些驾驶员单手驾车或以脚代手来控制机车方向。虽然拖拉机的车速不算快，但仍属机动车之列，驾驶员本领再高，也不是在表演杂技。万一遇到紧急情况，驾驶员手忙脚乱，容易导致事故发生。

3. 超载超速及人货混装

超载超速或多拉快跑是驾驶员挣钱心切的具体表现。拖拉机超载的危害很大，既降低车辆制动性能，又加剧了零部件的磨损，一旦因货物捆绑不紧或路面不平产生颠簸，很容易发生翻车事故。而速度过快，安全制动距离相应也要更长一些，那么就要求刹车装置更加灵敏，驾驶员反应更敏捷，以便在紧急关头能迅速停车。

人货混装，甚至在交通条件落后的地

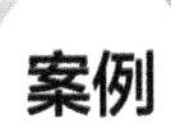

方，拖拉机成了拉人载客的工具，这种做法严重威胁着人民生命财产的安全，是违法行为。

4. 过度疲劳驾驶

一些驾驶员在长途运输中日夜兼程，打疲劳战，吃不好，睡不足，很辛苦。殊不知这样很不安全。睡觉是人的正常生理需求，得不到充分休息的驾驶员开车时，常因神志模糊、打瞌睡而引发交通事故，既害己又害人。

5. 机车下坡空挡滑行

一个物体沿坡面下滑时，物体重力会分解出一个沿下坡方向的分力，并给物体以加速度，使其下滑速度越来越快，中间若不给反作用力，物体最后将靠摩擦阻力慢慢减速而停下来。如果中间突然给物体施加一个阻力，物体容易发生滚翻现象。之所以不允许拖拉机下坡时空挡滑行，就是这个道理。

6. 排除故障时发动机不熄火

有些驾驶员在作业中发现拖拉机或配套机具发生故障后，为图方便，在发动机不熄火的情况下冒险去排除故障，结果造成人身伤亡事故，得不偿失。

案例

7. 拖拉机配挂机具进行田间转移时不切断作业机动力

拖拉机在田间转移时不切断作业机动力，致使开沟机和旋耕机刀片、收割机切割器、播种机开沟器等在通过田埂、小沟或其他障碍物时被损坏或碰伤他人。

8. 脱粒作业时操作人员擅离工作岗位

大忙时节，有些操作人员加班加点连续作业后比较疲劳，于是在脱粒作业时，开机后即到草垛边睡觉。这类因操作人员擅离工作岗位，导致脱粒机伤人的事故呈现出上升趋势。

9. 短暂停车时脚踩离合器不摘挡

驾驶员开车时遇到亲戚朋友免不了要停车交谈几句，然而脚踩离合器、不摘去挡位的做法是引发事故的潜在因素。同时，这种做法也易使离合器磨损加重，缩短离合器使用寿命。

10. 起步前猛轰油门

有些农机驾驶员在机车起步前，总喜欢猛轰几下油门，使发动机转速突然加快。这样做有以下害处：

- 发动机转速突然变化，使气门弹簧、

案例

喷油泵柱塞回位弹簧因共振而折断。

发动机转速剧变，造成各摩擦件表面润滑不良，磨损加剧。

发动机的有关运动件承受过大的冲击载荷而疲劳损坏。

发动机活塞运动速度大于气门回位速度，使气门锁夹脱落，气门掉入气缸中引发事故。

话题2 手扶拖拉机安全驾驶

简介

用途 手扶拖拉机（图1—1）是一种小型拖拉机，具有重量轻，结构紧凑，机型小巧，操作灵活，适应性强等优点，能够满足山区、丘陵等地区多方面的农业使用要求。手扶拖拉机配上不同的农机具，可进行犁耕、旋耕、平整、碎土、收割、果树喷洒农药、排灌等多种田间作业，对山区和

图1—1 手扶拖拉机

小块地有较好的适应性，是农村田间作业和道路运输的重要工具。手扶拖拉机配上拖车，还可进行短途运输。

● 分类　手扶拖拉机按动力大小分为 2.2 千瓦以下、2.2~4.5 千瓦、5~13 千瓦 3 个等级。按作业性能分驱动型、牵引型和驱动牵引兼用型。驱动型主要配套旋耕机作业；牵引型主要配套牵引式农具作业，如犁、松土铲等；兼用型既可配套旋耕机作业，又可配套牵引农具作业或配上挂车进行运输作业。按行走装置分为轮式、履带式和耕耘式。轮式手扶拖拉机按行走轮数量又分为单轮和双轮两种。耕耘式手扶拖拉机又称无轮式手扶拖拉机，其特点是没有驱动轮，而是在驱动轴上装设旋转耕耘部件，既对土壤进行耕作，又能向前行走。

为改善驾驶员的工作条件，我国生产的手扶拖拉机增加 1~2 个支承轮并安装座位，成为乘坐型拖拉机。不同类型的手扶拖拉机如图 1—2 所示。

图 1—2　不同类型的手扶拖拉机

工作原理　手扶拖拉机一般由机架、动力装置、传动系、行走装置、转向系、制动器及操纵机构等组成。手扶拖拉机多为卧式单缸柴油机，发动机的动力由三角皮带传给传动系，由离合器控制动力的传送。动力经链条传动箱传送到变速箱，中央传动、最终传动、转向机构和制动器都装在变速箱内。变速箱采用齿轮传动，变速挡位随机型而异，一般为6+2挡（即6个前进挡，2个后退挡），最少为3+1挡，最多的可达12+6挡。经变速后的动力，由中央传动及最终传动传给两侧驱动轮。转向机构采用牙嵌式离合器或钢球。

操纵机构安装在手扶架上，用以控制油门、变速、转向、制动和动力输出。动力通过齿轮由动力输出轴或由发动机直接输出。

为适应水田作业需要，行走装置除轮胎外还配有多种铁制叶轮，还装有尾轮。尾轮有运输轮和耕耘轮两种，前者用来支承重量，协助转向，后者用来调节耕深。水田作业时可换用滑橇。

安全驾驶注意事项

手扶拖拉机在农业生产中发挥着极其重要的作用，但往往由于操作人员缺乏手扶拖拉机基础知识和操作技术，致使机械故障常发，效率低下，严重的甚至发生安全事故。以下8项措施可以最大限度地避免和防止安全事故的发生。

拖拉机起动前，应检查和加足发动机的柴油、机油和冷却水，加足齿轮箱中的齿轮油。

拖拉机起动时，将油门放在停供位置上，按下减压手柄，用摇把空摇发动机20~50转，让机油润滑全机，同时应观察机油指示阀是否升起。然后将油门放在中油门位置，减压后摇转发动机，当转速达 100 转 / 分时，迅速松开减压手柄，发动机便可正常起动。

● 拖拉机起动后不宜马上投入作业，应在中油门位置运转 5 分钟左右，观察发动机运转是否正常，否则应停机查明原因并排除故障。

● 当发动机的冷却水温达 60℃以上方可投入负荷作业，75~95℃时为负荷作业最佳水温。

● 操作使用离合器时，应做到分离要迅速彻底，接合时应缓慢。严禁使离合器处在半分离的状态下工作。

● 换挡应柔和，不可猛挂。从低挡换高挡应先提高车速，然后分离离合器，减小油门，再挂高速挡。从高挡换低挡则先降低车速。

● 要保持安全速度行驶。在穿过市区、城镇、村庄、窄路、弯道、上下坡、交叉路口、桥梁等地方时，车速不得超过 15 千米 / 时。

● 拖拉机不准超速、超重、超高、超长、超宽运行，不准载人，不准客货混装，不准空挡溜坡。

转向操作

手扶拖拉机驾驶操作复杂，与其他方向盘式交通运输工具有着明显的不同之处。田间作业时，由于车速较慢，一般不易发生事故。在从事道路运输时，则应特别注意转向和连接两个方面的安全问题。手扶拖拉机的转向系统由扶手架和两个转向离合器组成。转向离合器一般采用刚性啮合套式，安装于传动箱内中央传动齿轮两侧，通过扶手把下方的转向手把控制。机车转向时安全操作注意事项如下：

起步时尽量不转向 起步转弯时，动力切断的一侧驱动轮停止转动，未切断动力的另一侧驱动轮绕静止的驱动轮加速转向，不易控制。

平路或上坡路转向 如果需要向某侧转向时就握紧该侧的转向手把，该侧转向离合器分离，切断该侧的驱动力，该侧车轮的转速低于另一侧车轮的转速，拖拉机就能实现顺利转向。松开转向手把，转向离合器在弹簧作用下自动接合，重新实现驱动力的传递，拖拉机又能保持直线行驶。

下坡时反转向 下坡时，如果需要向某侧转向，则应握紧另一侧的转向手把，称之为“反转向”。比如左转弯时，应握紧右侧的转向手把，才能实现正确转向，否则极易造成翻车事故。这是因为下坡时，由于惯性以及重力沿坡道方向的分力作用，实际上是车轮带动传动系统及发动机运转，传动系统及发动机起着一定程度的制动作用，使车轮的转速趋于降低。当握紧左侧转向手把时，左侧转向离合器分离，切断了左侧车轮与传动系统和发动机的动力传递，左侧车轮就失去了发动机的制动作用，这样左侧车轮的转速就会高于右侧车轮的转速，拖拉机向右转向。

减油门时应尽量避免转向 减油门时的情况与下坡时基本相似，突然减小油门，由于惯性作用，发动机动力变为阻力，这时操纵转向手把，很可能出现反转向。由于这种情况不易判断，应尽量避免减油门时转向。

使用及保养

磨合 磨合是延长拖拉机使用寿命的基础，就是让新机器的转速由低到高、负荷由小到大，通过循序渐进的运行过程，磨光齿轮、轴等摩擦面上的加工痕迹，使其变得更加合缝。磨合对延长零件的使用寿命具有重要的作用，千万不要为了省油省事，忽视磨合过程，否则将会因小失大，造成机件提前损坏。无论是新机还是大修后的旧机，都必须进行磨合。

油、气、水洁净无杂质 柴油不净会使发动机精密偶件磨损，配合间隙增大，供油压力不足，燃烧不完全，造成发动机功率下降。机油不净会使轴颈和轴之间产生磨损，油压下降，润滑条件恶化，甚至造成油道堵塞、抱轴烧瓦等严重事故。空气不净会加速缸套、活塞和活塞环的磨损。冷却水不净会使冷却系统水垢增多，机温升高，润滑条件恶化，机件磨损严重。

油足水足空气足 若柴油和空气供应不足，发动机会出现起动困难、燃烧不良、冒黑烟、功率下降等现象。机油供应不足会使机车润滑不良，机件严重磨损，甚至烧瓦。冷却水不足会使机温过高，功率下降，降低寿命。

检查检修 因柴油机在使用过程中受振动冲击和负荷不均等影响，连杆、缸盖、飞轮壳、轮毂等处的连接螺栓容易松动，应及时检查紧固。气门间隙、配气相位、减压间隙、供油提前角、喷油压力等要及时检查调整。

保证拖拉机在良好的状态下工作 发动机性能良好，拖拉机方向灵敏，刹车良好，合理装载、不超重，能够延长拖拉机的使用寿命。

正确使用拖拉机　起动前，先摇车，使各润滑部位得到润滑后再起动。车起动后，应待水温达到60℃时再投入作业。严禁长时间超负荷或低速作业。停车前应先卸掉负荷，降低转速。冬季停车后，应待水温下降后，放净冷却水。

经常保养　要做好柴油机的保养工作，使拖拉机处于良好的工作状态。要勤观察、勤检查，发现问题立即解决。按说明书要求定期保养机车。

妥善保管拖拉机　作业结束后，应进行全面检修保养，然后把车停在车库内或用防雨用品把车盖好，不要露天存放，以免风吹、日晒、雨淋，造成拖拉机脱漆、锈蚀、损坏。

挂牌上户　购买新拖拉机后，应在3个月内携带购机发票、合格证、使用说明书等证件，到农机监理部门办理入户手续。无牌证驾车上路行驶属违法行为，是要被处罚的。

办理交通强制保险　行车要办理交通强制保险。

话题3　轮式拖拉机安全驾驶

工作原理

1. 轮式拖拉机是怎样行驶的

轮式拖拉机（图1—3）内燃机的动力经传动系统使驱动轮获得驱动扭矩，获得驱动扭矩的驱动轮再通过轮胎花纹和轮胎表面

图 1—3 轮式拖拉机

给地面向后的水平作用力，而地面对驱动轮给以大小相等、方向相反的水平反作用力，这个反作用力就是推动拖拉机向前行驶的驱动力。当驱动力足以克服前后车轮向前滚动的阻力和所带农具的牵引阻力时，拖拉机便向前行驶。若将驱动轮支离地面，即驱动力等于零，则驱动轮只能原地空转，拖拉机不能行驶。若滚动阻力与牵引阻力之和大于驱动力，拖拉机也不能行驶。由此可见，轮式拖拉机行驶是由获得驱动扭矩的驱动轮与地面间的相互作用而实现的，并且驱动力要大于滚动阻力与牵引阻力之和。不同类型的轮式拖拉机如图 1—4 所示。

图 1—4 不同类型的轮式拖拉机

2. 影响拖拉机行驶的主要因素

滚动阻力 拖拉机的滚动阻力主要是由于轮胎和土壤的变形而产生的。在拖拉机的重力作用下，轮胎受挤压，土壤被压实。车轮在滚动过程中，轮胎沿圆周方向与地面相接触的部分受挤压，且会把车轮前面高出的土壤压下去，使土壤变形而形成轮辙，产生阻碍车轮向前滚动的滚动阻力。影响滚动阻力的因素很多，主要与地面的坚实程度、潮湿程度及垂直载荷的大小等因素有关。对同一台拖拉机来说，若地面条件不同，其滚动阻力也不同，如在沥青、水泥或干硬地面上行驶，滚动阻力小，拖拉机牵引力就大。在同样使用条件下，若加在轮胎上的载荷越大，土壤在垂直方向的变形越大，滚动阻力也就越大。一般说来，减小轮胎本身的变形和土壤垂直方向的变形，有利于减小滚动阻力。若拖拉机在松软地面上行驶，采用低压轮胎，加大轮胎支承面积，则可减小土壤在垂直方向的变形，降低滚动阻力，从而提高牵引力。由于拖拉机主要用于田间作业，多在松软地面上行驶，为减小土壤在垂直方向的变形，拖拉机一般采用低压轮胎、加宽轮胎。

牵引阻力 牵引阻力是拖拉机带动农机具进行作业所要克服的阻力，它等于拖拉机通过连接装置传给农机具的牵引力。由于牵引力等于驱动力减去滚动阻力，因此，增加驱动力和减小滚动阻力是提高牵引力的有效措施。

驱动力 它是路面对驱动轮的水平反作用力。因此，内燃机通过传动系统传到驱动轮上的驱动扭矩越大，表明拖拉机的驱动力也越大。但由于驱动扭矩是由内燃机的功率决定的，因此驱动力也受到内燃机功率的限制。同时驱动力又受土壤条件的限制，不能无限增加，因为当土壤的反作用力，即驱动力增加到一定程度时，土壤被破坏，驱动轮严重打滑，驱动力无法再增加。我们把土壤对驱动轮所能产生的最大反作用力叫作附着力。由此可见，驱动力的最大值除了受内燃机功率限制外，还受土壤附着力的限制，而不能无限增加。

● 附着力　附着力反映了驱动轮与土壤间产生最大驱动力的能力。影响附着力的因素很多，主要与地面的条件、轮胎气压、轮胎尺寸、花纹和作用在轮胎上的垂直载荷的大小等因素有关。对拖拉机来说，在一定的土壤条件下，在一定的范围内降低轮胎气压，增大轮胎支承面积，改善车轮对土壤的抓着能力，增加车轮的附着重量等，都有利于提高拖拉机的附着力。采用加宽轮胎、高花纹轮胎以及在驱动轮上加配重，都能增加拖拉机的附着力，从而提高拖拉机的牵引能力。

怎样通过方向盘手感判别拖拉机故障

当拖拉机（包括汽车）的转向、制动、传动系统及悬挂装置等工作正常时，驾驶员手握方向盘感觉很轻松，有时短暂松手，车辆仍能直线行驶。如果上述装置发生故障，驾驶员操纵方向盘时将会感觉到异常。

1. 车辆行驶中手发麻

当车辆以中速以上速度行驶时，底盘出现周期性的响声或方向盘出现强烈振动，导致驾驶员手发麻。这是由于方向传动装置平衡被破坏，传动轴及其花键套磨损过度引起的。

2. 转向时沉重费力

产生原因有：

● 转向系各部位的滚动轴承及滑动轴承配合过紧，轴承润滑不良。

- 转向纵、横拉杆的球头销调得过紧或者缺油。
- 转向轴及套管弯曲造成卡滞。
- 前轮前束调整不当。
- 前桥或车架弯曲、变形。
- 轮胎气压不足，尤其是前轮轮胎。

3. 方向盘难以操纵

在行驶中或制动时，车辆方向自动偏向道路一边，必须用力握住方向盘才能保证直线行驶。造成车辆跑偏的原因有：

- 两侧的前轮规格或气压不一致。
- 两侧的前轮主销后倾角或车轮外倾角不相等。
- 两侧的前轮轮毂轴承间隙不一致。
- 两侧的钢板弹簧拱度或弹力不一致。
- 左右两侧轴距相差过大。
- 车轮制动器间隙过小或制动鼓失灵，造成一侧制动器发热，使制动器拖滞。
- 车辆装载不均匀。

4. 方向发飘

当车辆行驶达到某一高速时，出现方向盘发抖或摆振，其原因有：

- 垫补轮胎等行为造成前轮总成动平衡被破坏。
- 传动轴承总成有零件松动。

- 传动轴总成动平衡被破坏。
- 减震器失效，钢板弹簧刚度不一致。
- 转向系机件磨损松动。
- 前轮校准不当。

大马力轮式拖拉机操作注意事项

大马力轮式拖拉机操作时应注意以下事项：

- 禁止起步猛抬离合器。应缓慢地松开离合器踏板，同时适当加大油门行驶。否则会造成离合器总成及传动件的冲击，甚至损坏。
- 副离合器不能长期拉起（分离），否则会引起离合器早期损坏。
- 拖拉机严禁挂空挡或踏下离合器踏板滑行下坡。
- 拖拉机转向时应减小油门或换到低挡位，切不可使用单边制动进行急转弯。
- 拖拉机的换挡及工作速度选择。正确选择拖拉机工作速度，不但可以获得最佳生产效率和经济性，还可以延长拖拉机使用寿命。拖拉机田间工作速度的选择应使发动机处于80%左右负荷下工作为宜。不应经常超负荷，要使发动机具有一定的功率储备。

拖拉机差速锁的使用 拖拉机工作时，差速锁一般保持分离状态。当拖拉机后轮单边打滑严重时（或陷入坑中时），应踏下差速锁控制踏板，并保持在这个位置，使差速锁接合，增加拖拉机驱动力。当差速锁处于接合状态时，拖拉机不能转弯行驶，否则将引起轮胎异常磨损，损坏中央传动系统，甚至发生翻车。

拖拉机的制动 一般情况下，应先减小发动机油门，再踩下主离合器踏板，然后逐渐踩下行驶制动器操纵踏板，使拖拉机平稳停住。紧急制动时，应同时踩下主离合器踏板和行驶制动器操纵踏板。行进中，不允许驾驶员将脚放在制动器踏板或离合器踏板上。特别要注意的是，拖拉机在道路上行驶时，一定要把左右制动器踏板连锁起来。拖拉机在坡上停车，应等发动机熄火，然后挂上挡，再松开行驶制动踏板，上坡时挂前进挡，下坡时挂倒挡。

前轮驱动的操纵 当拖拉机进行田间重负荷作业或在潮湿松软的土壤上作业时，通常挂接前驱动桥工作。拖拉机在硬路面进行一般的运输作业时，不允许接合前驱动桥，否则将会引起前轮早期磨损。

液压输出阀及其操纵实现四轮驱动作业 拖拉机上装有单作用或双作用液压输出阀，操纵液压输出阀操纵手柄控制农具上的单作用或双作用油缸。拖拉机出厂前液压输出阀调整为双作用，如果需要配套单作用农具时，用户可调整为单作用液压输出。

拖拉机用油要求 一是根据不同的环境、季节选择不同牌号的柴油。严禁不同牌号的柴油混用。二是加入油箱的燃油、传动液压两用油必须经过过滤或至少 48 小时沉淀，才能使用。三是发动机运转中，切不可给燃油箱加油。如果拖拉机在炎热天气或阳光下工作，油箱不能加满油。否则，燃油会因膨胀而溢出，一旦溢出要立即擦干。

夏季农机安全“六防”

夏季行车因气温高，机件易磨损，人易疲劳，为确保安全驾驶，驾驶员应做好以下“六防”：

一防“开锅” 当水温超过 90℃时，应选择阴凉的地方停车休息降温，掀起发动机罩通风散热。一出现“开锅”，应立即停车，待温度下降后再熄火加水，切勿在“开锅”过程中加水。

二防“气阻” 夏日灰尘大，行车时更要注意清洁汽（柴）油滤清器、燃油箱和油路管道，使之保持清洁畅通。一旦出现“气阻”，应停车降温，然后拆开化油器进油管接头，拨动汽油泵手摇臂，使汽油充满油管，恢复正常供油。

三防爆胎 要保持轮胎的合理装配，前轮必须装配成分好的轮胎，并经常检查轮胎气压。行驶中当胎温过高时，应停车于阴凉处降温，切勿用冷水泼或采用放气的办法降温。

四防润滑不良 夏季气温高，一定要选用夏用机油。另外，要经常查看机油尺，使之保持正常的机油平面。平时，对机油粗、细滤清器和机油散热器要及时清洗、保养，确保润滑良好。

五防火灾 要经常检查紧固各电线和燃油管接头，预防因接触不良产生火花或燃油管渗漏引发火灾。不要用塑料桶盛装油料，以防静电起火。雷电情况下，油箱油不得过满，以防外溢起火。

六防中暑 夏季日照时间长，驾驶室温度高，人容易中暑。因此应适当安排好作业时间，避免疲劳驾驶。在行车中一旦出现头晕、口苦、无力等中暑现象，应立即停车休息，待身体恢复正常后才可继续行车。

话题 4 履带式拖拉机安全驾驶

工作原理

履带式拖拉机也叫链轨拖拉机或履带拖拉机，是拖拉机的一种。不同类型的履带式拖拉机如图 1—5 所示。

图 1—5 不同类型的履带式拖拉机

履带式拖拉机的特点 履带式拖拉机的行走装置由引导轮、随动轮、支重轮、驱动轮及履带构成。运转时，其驱动轮卷绕履带循环运动，支重轮在履带的轨道上滚动前进或后退，具有对土壤单位面积压力小和对土壤附着性能好（不易打滑）等优点。履带式拖拉机在土壤潮湿及松软地带有较好的通过性能，牵引效率高。

履带式拖拉机的工作原理 履带式拖拉机与轮式不同，它是通过一条卷绕的环形履带支承在地面上。履带接触地面，履刺插入土内，驱动轮不接触地面。驱动轮在驱动扭矩的作用下，通过驱动轮上的轮齿和履带板节销之间的啮合连续不断地把履带从后方卷起。接触地面的那部分履带给地面一个向后的作用力，地面也相应地给履带一个向前的反作用力，这个反作用力是推动拖拉机向前行驶的驱动力。轮式拖拉机的驱动力是直接传给行走轮的，而履带式拖拉机不同，它的驱动力是通过卷绕在驱动轮上的履带传给驱动轮的轮轴，再由轮轴通过拖拉机的机体传到驱动轮上。当驱动力足以克服滚动阻力和所带农具的牵引阻力时，支重轮就在履带表面向前滚动，从而使拖拉机向前行驶。由于驱动轮不断地把履带一节一节卷送到前方，再经导向轮将其铺在地面上，因此支重轮就可连续地在用履带铺设的轨道上滚动了。由此可知，履带式拖拉机行驶是由驱动扭矩通过驱动轮使履带与地面相互作用而实现的，并且驱动力大于滚动阻力与牵引阻力之和。

驱动力的最大值与轮式拖拉机一样，一方面取决于内燃机的能力，另一方面又受到履带与地面间附着条件的限制。一般说来，拖拉机的功率越大，驱动力就越大。影响附着力的因素很多，就拖拉机本身的结构来说，合理地选择履刺、履带的形状尺寸，在一定限度内增加履带的承受重量等，均可提高附着力，增加拖拉机的牵引力。

履带式拖拉机的滚动阻力是由土壤在垂直方向上的变形和行走系各机件间的相互摩擦作用而形成的，减小滚动阻力，可增加拖拉机的牵引力。

● 履带式拖拉机的转向　履带式拖拉机的转向是通过用手拉动一侧的转向离合器，同时踩下同方向的制动器，使一侧的履带制动而另一侧的履带转动来实现转向的。现代履带式拖拉机也有通过两条履带不同的转速来实现转向的。

自动跑偏的原因及防止措施

1. 履带式拖拉机自动跑偏的原因

履带式拖拉机在正常行驶下，在不拉动左右操纵杆时，出现自动偏离行驶方向的现象，一般称为自动跑偏，一般有以下两种原因：

（1）传递到两侧驱动轮上的力矩不相等，使两侧驱动轮的转速不同

发生的原因主要有：

● 一侧转向离合器操纵杆调整不当，其自由行程太小或没有自由行程，转向离合器处于半分离半接合状态。

● 转向离合器室内进油，离合器片上沾有油污而打滑。

● 转向离合器摩擦片烧损。

● 转向离合器弹簧弹力变弱，会出现一侧驱动轮转速降低，使机车向转速低的一侧偏转。

（2）运动的两侧履带板出现速度差

发生的原因主要有：

- 两侧履带板销孔和履带连接销磨损不一致，磨损严重的一侧履带板节距变大，使得当驱动轮转动同一个角度时，两侧履带板行走的距离不相等。

- 两侧履带板张紧度不一致，松动一侧的履带在驱动轮上打滑，当履带和驱动轮磨损严重时，行驶中还会出现跳齿。

- 机车行驶时，两侧履带板所接触的土壤面积、土壤的软硬及干湿程度不同。

- 机车偏牵引时，两侧履带板所受的负荷不相同，会使某一侧履带的附着力发生变化。

2. 防止履带拖拉机自动跑偏的措施

根据不同原因，有选择地采取以下防止履带拖拉机自动跑偏的措施：

- 保证转向离合器经常处于完好状态，使两侧驱动轮的转速相等。

- 随时注意检查履带板销孔与连接销的磨损情况，必要时应予更换，尽量使两侧履带板的节距相等。可采用在两侧履带板块数相等的情况下测量履带总成长度，视其情况左右对调部分履带板，使两侧履带的总长度相等。

- 正确调整左右两侧履带的张紧度，将磨损的驱动轮换边使用，消除履带与驱动轮的滑移。

- 合理调整农具在拖拉机上的挂接点，牵引点应通过拖拉机的纵向对称线，使两侧履带负荷一致。

- 避免长期使用一侧转向离合器，尽量使两侧行走系统磨损一致。

履带的正确使用

履带拖拉机的行走部分，因常年工作在泥土里，磨损非常严重。一般情况下，一套新的履带板仅能使用 2 000~3 000 小时，如果使用与保养得当，履带的使用寿命可达 2~3 年。为了延长履带的使用寿命，减少行走系的故障，应按如下要求正确使用与保养。

- 履带板与链销之间经常充满泥沙，两者之间磨损严重，使用一段时间以后，连接销磨成“曲轴形”，履带板销孔也相应磨损，履带板节距增大，致使履带不能与驱动轮正确啮合，加剧了履带与驱动轮的磨损。同时，连接销磨成“曲轴形”后，销与销孔摩擦面减小，逐步将履带板销孔磨穿，使履带板报废。为了延长履带板与连接销的使用寿命，机车每作业 1.3 万公顷左右，就应该用管钳将每根连接销转动 60°，使连接销均匀磨损，同时也可使履带板孔相应得到合理磨损。

- 履带的正常下垂量为 30~50 毫米，不得调整得过紧或过松，而且两条履带的下垂量应相同。如下垂量超过 50 毫米并无法调整时，应拆下一块履带板，再重新调好下垂量。在平坦、坚硬地面作业时，履带的下垂量应采取最小量，即接近 30 毫米为好。

- 使用新车或换上新的履带，头几个班次保养时，应用管钳卡住连接销端头，使之转动一下，避免连接销较长时间不转动而提前磨成“曲轴形”。

- 履带下垂量过大或驱动轮磨秃时，驾驶机车要特别小心谨慎。切忌高速转弯或转死弯，不要在高低不平、左右倾斜的地块超负荷作业或作业时猛转弯，以避免履带脱轨。

● 发现驱动轮或履带啮合部位严重偏磨，可将整条履带拆下来换边使用，也可将驱动轮对调使用，以延长其使用寿命。

● 开荒翻地作业时，应尽量避免其中一条履带走进垄沟里。田间作业时应尽量避免偏牵引，以减轻行走系的单边磨损，尽量采用套耕法，使行走系与转向系的零件能均匀磨损。

前梁断裂原因分析

近年来，履带式拖拉机前梁断裂的现象时有发生。分析认为有以下几种原因：

1. 使用操作不当

例如猛起步、急制动，在崎岖不平的路面上高速行驶，过横垄地、沟渠、田埂或其他障碍物时不减速，经常高速转弯、带负荷转弯或原地转弯，推土作业时猛推、硬冲等，使前梁受到强烈的冲击和振动。

2. 维护保养差

● 履带长度不当　有时因履带太短，缓冲弹簧过度压缩，有时因履带太长而将导向轮拐轴调到前面死点位置，这两种情况都会使缓冲弹簧的作用减弱或失去作用，如在行走时遇到障碍物，前梁拐轴孔处将因受冲击过大而损坏。

● 拐轴卡死　由于未能对轴套及时润滑或者润滑不良，使导向轮拐轴在轴套中卡死，当拖拉机在行驶中遇到障碍物时，拐轴不能灵活地前后摆动，冲击力直接作用于前梁的拐轴孔处，致使前梁开裂。

紧固前梁的螺栓松动 由于对前梁的紧固情况缺乏检查，在前梁紧固螺栓松动后没及时拧紧，使前梁在车架大梁内蹿动，当拖拉机行驶中遇到障碍物时，前梁就会受到很大的冲击力，易在拐轴孔或螺孔处断裂。

拐轴在轴套中旷动 由于保养不及时且缺乏经常性检查，拐轴与轴套严重磨损后，拐轴在轴套中旷动，当拖拉机在行驶中遇到障碍物时，前梁拐轴孔处受到剧烈冲击易产生裂纹。

3. 不合理的安装

大梁变形后强行安装 大梁变形部位主要是在大梁的前部，表现为向外弯曲或扭曲。在安装前梁时，强行用紧固螺栓的办法安装，使前梁产生了预应力，当拖拉机导向轮受到冲击力时，就更容易造成前梁损坏。

履带脱落后硬行复位 这是造成前梁断裂的一个主要原因。因为在作业地点拆装履带有一定困难，所以脱带后多数驾驶员采取挤垫的方法强行张紧履带，开动拖拉机将引导轮和支重轮撬进履带的行走滑道中。这样，作用在引导轮拐轴上的力就会很大，导致拐轴、引导轮、调整丝杠及后轴变形，进而使前梁产生断裂。

4. 综合作用的结果

前梁断裂往往不是上述某一因素一时作用的结果，而是多种因素反复作用逐步形成的。需要引起重视的是，前梁断裂对与其有关联的各部件均有影响。前梁断裂后，车架前端由于失去固定，车架刚性大为减弱，在负荷力不断作用下车架逐步变形，并进一步使曲拐轴和引导轮调整丝杠变形。此外，前梁断裂对引导轮、驱动轮、后轴和大、小减速齿轮也会产生不利的影响。

话题 5　联合收割机安全驾驶

用途与分类

1. 用途

联合收割机是能够一次完成农作物的收割、脱粒、分离茎秆、清除杂余物等工序，从田间直接获取谷粒的收获机械。联合收割机使农民能以单一的操作去完成收割和脱粒，从而节省了人力、物力，大大减轻了农民的负担。

2. 分类

联合收割机产品种类较多，通常分为四大类，不同类型的联合收割机如图 1—6 所示。

● 自走轮式全喂入联合收割机　此种机型比较适合华北、东北、西北、中原地区以及旱地环境作业，以收获小麦为主，兼收水稻，适合于长距离转移，是异地收割、跨区作业的主要机型。

● 自走履带式全喂入联合收割机　该机型比较适合华中及以南地区的水旱地或水田湿性土壤作业，适用于小麦和水稻作物的收获。可以进行异地收割、跨区作业，但如果进行长距离转移，则需要汽车运输。

● 自走履带式半喂入联合收割机　此机型主要适用于水稻收获，可兼收小麦，是中小型联合收割机中复杂系数最高的产品，价格也最高。与其他机型相比，收获后的粮食清洁度较高。此机型能适应深泥脚、倒伏严重的收割条件，同时还能保证收割后的茎秆完整。

悬挂式联合收割机 悬挂式联合收割机利用拖拉机动力来进行收获联合作业，有单动力和双动力两种。此种机型价格便宜，可以一机多用，但拆装比较麻烦，近年来的产销量在逐步下降。

图 1—6 不同类型的联合收割机

用户在选购联合收割机时，应该根据作业地区、收割对象、作业性质、厂家三包服务网点和配件供应能力等因素选购产品。机器使用区域、收割对象和作业性质是要考虑的重要因素。此外，购买品牌机也是一种明智的选择。好品牌机通常是指这类机器作业性能好、工作可靠、在市场上具有良好的信誉。

安全驾驶要点

1. 发动机起动与停止

（1）起动前准备

- 检查发动机油底壳、变速箱、传动箱的润滑油液面是否在刻度线之间。检查燃油箱、液压油箱、冷却水存量，不足时应添加。

- 将主变速操纵杆置于空挡位置，各工作离合器置于分离位置。

- 手油门处于中间位置。

（2）起动

现有自走式机型起动方式有两种：手摇起动及电起动。

- 手摇起动时，起动方法与一般柴油机相同。

- 电起动时，将电门钥匙插入电门开关中，将开关钥匙转到“起动”的位置，即可直接起动发动机。起动后应立即将开关复位。

- 外界气温在5℃以下时可采用减压预热起动方式起动。起动时先将减压手柄拉到减压位置，转动预热起动开关，预热半分钟左右，再转到起动位置，拉回减压手柄，消除减压，即可起动发动机。

（3）起动注意事项

- 电起动机连续起动时间不得超过5秒，一次未能起动应停歇15秒后再进行第二次起动，若连续三次未能起动，应停止起动并查明原因后再起动。

● 起动后应立即减小油门，使发动机低速空转几分钟，水温升高到 60℃以上后方可起步。

● 冬季起动有困难，可将油底壳内的机油加热，使其温度为 70~90℃，散热器内加入 80~90℃的热水，再预热起动。

● 室内起动时应保持通风良好，以防排气污染、中毒危险。

（4）停止

将收割离合器手柄、脱粒离合器手柄置于“离”的位置，油门手柄置于“低速”的位置，主调速手柄置于“停止”位置，挂上停车刹。拉发动机停止拉杆，使发动机停止，如果拉起拉杆感觉吃力，可转动拉杆后再拉。主开关的开关钥匙转到“切断”的位置，然后再拔出开关钥匙。

2. 收割机起步

先将割台提升到运输状态位置，踏下行走离合器踏板，将变速杆挂上所需挡位，同时观察周围有无行人、障碍物，然后鸣号逐渐加大油门，缓慢地松开离合器踏板，使收割机平稳地起步。半喂入联合收割机起步时，先将发动机转速提升到额定工作速度，选定副变速挡位，鸣号后，缓慢推或拉主变速杆即可实现平稳前进或后退。

收割机移动前，必须提升割台，装好各处安全盖板。

3. 转向、制动的操纵

● 转向时，只要扳动转向操纵杆，收割机即可向该侧转弯。如要原地转向，只需将转向操纵杆向后用力扳紧，将该侧驱动轮单边制动可实现原地转向。

● 需要制动时，应同时将左、右转向制动操纵杆用力向后拉。

对于半喂入联合收割机，应踩下制动踏板。行驶中避免急转弯与急停。

4. 行走离合器的操纵

行走离合器的使用与一般离合器相同，即要求操纵时“快离慢合”，踏下分离时动作要快，松抬接合时缓慢平顺无冲击。平时不准将脚搁在踏板上。

5. 工作离合器的操纵

操纵时，将发动机置于小油门，然后缓慢合上离合器，做到低速时接合，使割、送、脱缓慢起动，避免突然高速起动。分离时也要求迅速彻底。

6. 作业速度的选择及换挡

- 选择作业速度时，应考虑收割机负荷变化情况，使发动机始终保持一定的功率储备。因此，为使收割机获得较高的生产效率及较好的经济性，作业时，必须根据作物品种、产量、割茬高度等情况，选择合适的工作速度。

- 对自走式收割机来说，1 挡速度最低，为爬行挡，3 挡为常用作业挡，5、6 挡为道路行驶挡。作业时如遇收割机负荷增加，应及时换用低 1 级挡位。

- 换挡要求停车进行。一般情况下，作业过程中应尽量避免换挡。上、下坡禁止换挡。

- 半喂入联合收割机可实现无级变速，越往前推或往后拉，前进或后退速度越快。

7. 收割机割台升降的操纵

将液压升降手柄向前推，割台下降，往后推则割台上升，中间为中立位置。注意操作时应尽量用小角度多次操纵升降手柄的办法控制割台升降速度，防止割台下降速度过快冲撞地面，引起割台底板变形。

8. 履带式收割机驾驶操作注意事项

● 作业过程中应随时注意观察收割机各部件工作情况，仔细查听各部件声音，出现异常现象，应立即停车进行检查。

● 严禁在不平道路上高速行驶，禁止空挡或发动机熄火溜坡。半喂入联合收割机行走中不可使用停车踏板刹车。

● 上下车、船时要注意安全，要用低速挡并有人协助指挥，使用坚固装卸板，慢慢行车，在跳板上不可操作转向杆、踩刹车，以防翻车。在车、船上运输时，应锁定停车刹车踏板，用绳扎紧，放下割台，放稳垫块。

● 收割机上不得承载重物。

● 停放车时，须将割台放下至地面。

安全作业要求

为确保收割机作业安全，驾驶员应遵守以下安全操作规程：

● 驾驶员必须接受农机部门正规的技术培训，获得收割机驾驶操作或农田作业证，行驶中遵守道路交通规则，并禁止他人搭乘。

● 作业时，收割机上可乘坐接粮员 1 人（大型机可坐 1~2 人），不准乘坐与使用操作无关的人员，驾驶及操作人员衣着整齐，不可穿易被卷入转动部分的宽松衣服。

● 出车前要严格按照使用说明书的要求做好保养，注意下水田部位行走系统的维护和保养，以确保收割机处于良好的技术状态。

● 新的或经过大修后的收割机，使用前必须严格按照技术规程进行磨合试运转。未经磨合试运转的，不准正式投入使用。

● 发动机起动前，应将变速杆、动力输出轴操纵手柄置于空挡位置（履带式机型应将工作离合器置于分离位置）。

● 收割机在起步、接合动力挡（或工作离合器）、转弯、倒车时应事先鸣喇叭或发出信号，并观察机器前、后、左、右是否有人，接粮员是否坐稳。起步、接合动力挡时速度应由慢逐渐加快。转弯、倒车动作应缓慢，避免急转弯或急停。

● 作业中，驾驶员要集中注意力，观察、倾听机器各部件的运转情况，发现异常响声或故障时，应立即停车，排除故障后方可继续作业。

● 接粮员工作时注意力要集中，如发现出谷搅龙堵塞或其他故障时，应立即通知驾驶员停机并排除故障，在机器未完全停止运转前，严禁将手或工具伸入出粮口，以免造成人身伤亡事故。

● 严禁在机器运转时排除故障，禁止在排除故障时起动发动机或接合动力挡（工作离合器），工作时严禁触摸转动件。

● 收割机在较长距离的空行或处于运输状态时，应脱开动力挡或分离工作离合器。长距离道路行驶时，应将割台拉杆挂在前支架的滑轮轴上。

● 机组在转移途中或由道路进入田间时，应事先确认道路、堤坝、便桥、涵洞等能否承受机组重量，切勿冒险通行。行驶途中左、右制动踏板应连锁，注意观察道路前方车辆、行人动态，遇有情况时，应立即减速靠右行，必要时应停车避让。上、下坡和上、下渡船以及通过狭窄地段时，应有人协助指挥驾驶。严禁在不平道路上高速行驶，禁止空挡或发动机熄火溜坡。

● 作业过程中，水箱水温过高时，应立即停车，待机温下降后再拧开水箱盖，添加冷却水。如发现发动机工作时断水、严重过热时，应立即怠速运转，降低机温后，再徐徐加入冷水。严禁停车后立即加入冷水，以免机体开裂。冷却水沸腾需要打开水箱盖时，严禁用手直接打开水箱盖，应用抹布或麻袋包住水箱盖后，先轻旋使水箱内蒸汽跑出，待水箱内外压力一致时，方可打开水箱盖。注意操作时人不可正对着水箱口操作，以防水蒸气冲出造成人员烫伤。

● 田间固定脱粒时，应事先将拨禾轮上的传动皮带放松、卸下，并取下拨禾轮，以便手工喂入作物。喂入时要尽量均匀，防止堵塞。脱粒时，驾驶员应自始至终在驾驶位置上，以免发生意外。

● 收割机任何部位都不得承载重物。

第二讲 农机田间作业安全技术

话题1 旋耕机安全操作

用途

旋耕机是广泛用于水、旱田耕整地的一种农具。它需要由拖拉机或其他动力驱动才能工作。根据所匹配的动力大小或形式把旋耕机分为微型耕整机（微耕机）、手拖旋耕机（与手扶拖拉机配套使用）、大中拖旋耕机（与轮式或履带式拖拉机配套使用）。各种类型的旋耕机如图 2—1 所示。

图 2—1　不同类型的旋耕机

结构与工作原理

正确使用和调整旋耕机，对保持其良好的技术状态，确保耕作质量是很重要的。

以最为常用的大中拖旋耕机为例，其主要结构如图 2—2 所示。旋耕机由悬挂架、主梁、齿轮箱、刀辊、传动箱、罩壳、拖板等主要零部件组成。

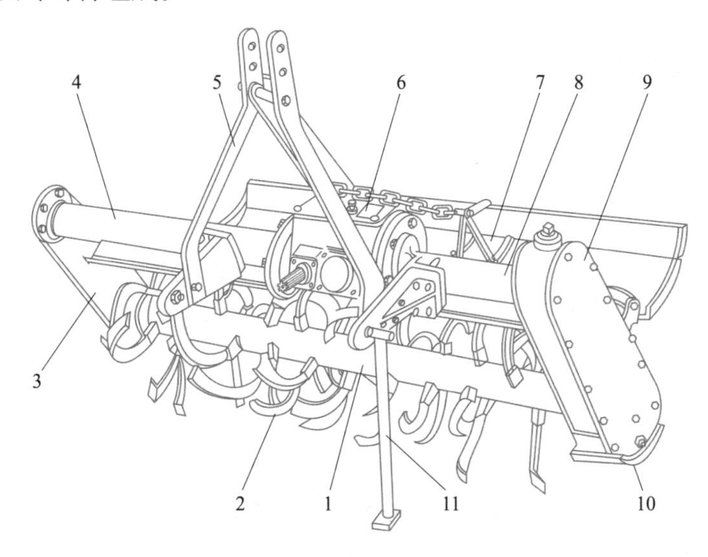

图 2—2　旋耕机结构图

1—刀轴　2—刀片　3—右支臂　4—右主梁　5—悬挂架　6—齿轮箱　7—罩壳　8—左主梁　9—传动箱　10—防磨板　11—撑杆

旋耕机工作时，拖拉机向前开动，并同时将动力通过输出轴输出，经万向节轴、齿轮箱驱动刀辊旋转。由于刀辊旋转线速度比拖拉机前进速度快，安装在刀辊上的刀片在旋转中强行对土壤进行铣切，刀片端点（切刃）对地面的运动轨迹呈绕扣状曲线（余摆线），使刀片从上向下切削土壤（正转旋耕机从上向下切土，反转旋耕机从下向上切土），并将切下的土垡抛向后方，垡块撞击罩壳和拖板后，被进一步击碎并落回地面，由拖板拖平。机组不断前进，在刀辊有效幅宽内的未耕地就被切削、抛土、拖平，达到耕整地的目的。

作业特点

旋耕机是目前应用较多的一种耕整地机械，在水稻插秧前整地、稻麦两熟地灭茬、蔬菜地耕耘以及盐碱地浅耕等方面得到广泛的使用。旋耕机与铧式犁相比较具有明显的特点。一是碎土充分，耕后地面平坦，一遍作业能达到犁耕翻、耙和耖三次作业的效果。二是有利于抢农时、省劳力，对土壤湿度的适应范围大。三是旋耕机刀片向后切土、抛土时对机组产生向前的推力，可减少拖拉机驱动轮在潮湿地上打滑。旋耕机用于旱地能使土肥掺和均匀，用于水田能做到泥烂起浆。

旋耕机的缺点是驱动功率消耗大，对于长秸秆埋覆效果比犁差，耕深较浅，一般在 15 厘米以内。如果要求耕深超过 15 厘米，应该选择深耕旋耕机，但深耕旋耕机功率消耗更大。

大中拖旋耕机耕整地操作要点

1. 正确挂接旋耕机

将旋耕机两个下悬挂销分别与拖拉机两个下拉杆用销子连接，将旋耕机上悬挂销与拖拉机上拉杆用销子连接，将旋耕机输入轴与拖拉机输出轴通过万向节连接。

2. 正确操作旋耕机

旋耕机提升不宜过高，提升过高会使万向节扭坏。

接合拖拉机动力输出轴时，旋耕机不能提升太高，即万向节轴的倾角不能太大，同时必须在离合器彻底分离后接合。

对分置式液压系统，旋耕深度应用油缸的定位阀和定位卡箍控制，在耕作中分配器手柄应放在浮动位置，不要放在中立位置。

3. 正确操纵拖拉机

旋耕机入土时应采取拖拉机边走边放下的方法，这样可避免旋耕机猛然入土而损坏机器。

转弯或倒车前必须使旋耕机的刀片全部出土。

田间转移或过沟、过埂时，应把旋耕机提到最高位置，同时切断传动轴动力，并用锁紧装置将旋耕机固定在某一位置上。

停车不旋耕时，应使旋耕机下降着地。

万向节转动灵活，伸缩自如，无卡滞现象，万向节两个节叉处在同一平面上。作业状态时万向节传动轴的主动轴与从动轴基本在同一条直线上。

旋耕刀安装

目前国内生产的旋耕机多采用弯刀片及刀座固定法。为了作业需要及刀轴的受力均衡，安装时应根据作业要求确定旋耕刀的安装方式。如配置不当将影响耕地质量及机器使用寿命。

● 交错装法（图 2—3a） 这是一种最常用的配置方法，除最外侧两把弯刀方向朝内以外，其余每个截面有两个刀座，左、右弯刀各装一把。如只有一个刀座，则第一个刀座安装左弯刀，相邻刀座应安装右弯刀。采用这种安装方法，耕后地面平整，适用于平作或犁耕后耙地。

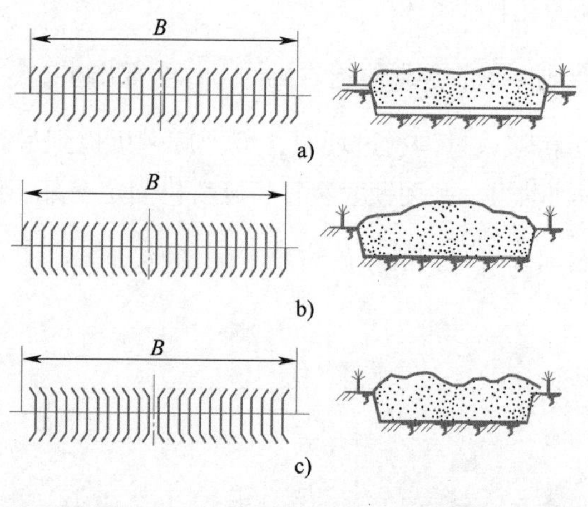

图 2—3 旋耕刀的安装
a）交错装法 b）内装法 c）外装法

● 内装法（图 2—3b） 所有左、右刀片都朝向刀轴中间。采用这种安装方法，耕后地面中间高出成垄，适用于筑畦或中间有沟地面的耕作。

● 外装法（图 2—3c） 除最外侧两把弯刀方向朝内，其余的左弯刀装在刀轴的左侧，右弯刀装在刀轴的右侧。采用这种安装方法，耕后地面中间形成一个沟，适用于拆畦耕作或旋耕开沟联合作业。

安装刀片时应先将刀片分成左右两组，然后顺序安装，并应使刀片刃口与刀轴旋转方向一致，绝不能将弯刀反装，否则若使刀背入土，会造成受力过大，损坏机件。

安全操作注意事项

- 利用旋耕机作业，不准在起步前将刀片入土或猛放入土。

- 作业时，不准急转弯，不准倒退。转弯或倒退时，应先将旋耕机升起。地头升降，须减慢转速，不准提升过高。万向节转动角度不得超过 30°。

- 清除旋耕机上的缠草、杂物或紧固、更换犁刀时，必须先切断旋耕机动力，把动力输出轴的手柄扳到空挡位置，在发动机熄火后进行。清除杂物时应使用长柄工具。

- 田间转移或过坎时必须切断旋耕机动力，将旋耕机提升到最高位置。

- 大中拖旋耕机工作时，机器后面和机器上面禁止站人，以防止发生意外事故。

话题 2　播种机安全操作

用途

播种机是以作物种子为播种对象的种植机械，用于某类或某种作物的播种，常冠以作物种类名称，如谷物条播机、玉米穴播机、棉花播种机、牧草撒播机等。不同类型的播种机如图 2—4 所示。

图 2—4　不同类型的播种机

结构和分类

播种机类型很多，结构形式不尽相同，但其基本结构类似，主要包括机架、传动装置、种肥箱、排种器、排肥器、行走装置、开沟器、覆土器、镇压轮等，如图 2—5 所示。

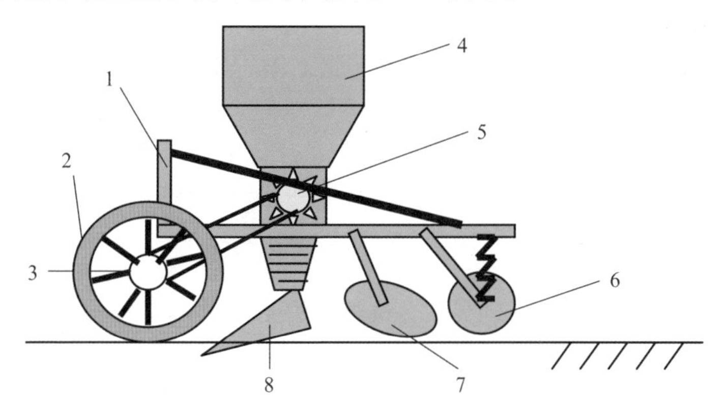

图 2—5　播种机的结构图

1—机架　2—行走轮　3—传动装置　4—种肥箱　5—排种器　6—镇压轮　7—覆土器　8—开沟器

播种机一般可按下列方法进行分类：

- 按播种方式分为撒播机、条播机、穴播机和精密播种机。
- 按适应作物分为谷物播种机、中耕作物播种机及其他作物播种机。
- 按联合作业方式分为施肥播种机、播种中耕通用机、旋耕播种机、旋耕铺膜播种机。
- 按动力连接方式分为牵引式、悬挂式和半悬挂式三种。

● 按排种原理分为机械式和气力式。

下面以常用的谷物条播机为例介绍播种机的使用及保养注意事项。

作业前检查和调整

播种机作业前要做好检查和调整工作，具体包括：

1. 播种机技术状态检查

● 机架横梁必须平直，不得弯曲和变形。

● 链轮应在同一平面内，链条松紧度应适当。

● 各运转部件转动灵活，调整机构灵活。

● 各连接部件紧固得当，润滑良好，完整无缺。

2. 播种量调整

播种量调整的目的是使播种机的排种量符合当地农艺技术要求。以下计算以常用的外槽轮排种器为例。

● 操纵拖拉机升降手柄将播种机升起呈水平状态，按选定的圈数（一般为 20 圈）均匀转动地轮，承接排种器排出的种子，并称出质量，算出每个排种器的播种量。然后按要求的单位面积播种量，计算出每个排种器转动相同圈数应排出的种子量。计算公式为：

$$q = Q \times \pi \times D \times (1+\eta) \times b \times n$$

式中：q —每个排种器转动选定的圈数时排出的种子量（克）；

Q—要求的单位面积播种量（克/米^2）；

D—地轮直径（米）；

η—滑移率，一般为5%~10%；

b—行距（米）；

n—地轮所转的圈数。

◉称量出的每个排种器的实际排种量与计算出的要求排种量进行比较，如不相等，调整参与排种部分的排种槽轮长度来改变排种量的大小，然后重新接种称量，直至相等。

3. 行距调整

有些播种机附有样板，按不同行距决定开沟器安装的位置。也可按开沟器梁的有效长度和行距来计算应配置的开沟器数。

4. 播深调整

◉播深实际是覆土厚度，即覆土量多少。农业技术规范要求播深一致，即覆土量一致，应严格按规范操作。

◉不同的开沟播种装置调整方式不同，圆盘式开沟器通过紧贴圆盘的可调式限深轮来调节，锄铲式、翼铲式等开沟器可以改变开沟器的入土角或加配重来调节。

◉还可以通过改变覆土板的高度及覆土压力等进行调整。

安全操作注意事项

◉要按使用说明书的要求，认真检查拖拉机和播种机的技术状态，拖拉机与播种机的连接要可靠。

● 操作人员应先了解机具的使用性能和安全注意事项，方可操作。作业时应特别注意机具刀轴、排肥搅龙等旋转部位。

● 拖拉机驾驶员与播种机操作人员之间要规定联络信号，按信号进行操作。

● 只有在拖拉机熄火后，方可进行检查、维修、调试、保养等作业，注油、加种、加肥、清理杂物等辅助作业也必须停车后进行。

● 带有座位或踏板的悬挂播种机，作业时可以坐人或站人，但升起、转弯或运输时，禁止站人或坐人。机组运行中，操作人员应在规定范围内活动，禁止跳上跳下，禁止无关人员站在播种机上。

● 下降播种机时，要在拖拉机缓慢前进时进行，开沟器入土后播种机不得后退以及急转弯，以免堵塞或损坏开沟器。

● 播种时，应经常观察排种器、排肥器和传动机构的工作情况，如果发生故障，应立即停车排除，以防断条、缺苗。经常观察和检查开沟器、覆土器、镇压轮的工作情况，如开沟器和覆土器是否缠草和壅土，开沟深度是否合适，种子覆盖是否良好等。

● 严禁人员在机组前面来回走动，不准在左右划行器下站人，避免发生人身伤害事故。

● 地头转弯时，应将播种机悬起或把开沟器及土壤工作部件升起，切断排种器和排肥器的动力，升起划行器，然后才能转弯。

● 播完一种作物，要认真清理种子箱，严防种子混杂。肥料箱使用后也要及时清理，防止锈蚀。

● 大风天、下雨天禁止作业，夜间播种必须有良好的照明设备。

保养和保管方法

1. 班次保养

● 工作前应及时向各注油点注油，保证运转零件充分润滑。丢失或损坏的零件要及时补充、更换和修复。注意不可向齿轮、链条上涂油，以免沾满泥土，增加磨损。

● 每班作业结束后，应清除机器上的泥土、杂草，检查连接件的紧固情况，如有松动，应及时拧紧。

● 每次工作结束后，要清空种箱和排种器内的种子以及化肥箱内的肥料。

● 每班作业后，应把播种机停放在干燥有遮盖的棚内。露天停放时，要将种肥箱盖严，停放时落下开沟器，有支座的放下支座将机体支稳，使播种机的机架减少不必要的负荷。

2. 存放保养

● 彻底清理播种机各处泥土、杂草等，冲洗种箱、肥箱并晾干，涂防锈剂。

● 播种机脱漆处应涂漆，损坏或丢失的零部件要修好或补齐，存放于通风干燥处，妥善保管。

● 传动部分及润滑嘴均应清洗干净，各润滑部位均应加足润滑油，链轮、链条要涂油存放，对各弹簧应调整到不受力的自由状态。

● 播种机上不要堆放其他物品，播种机应放在干燥、通风的库房内，如无条件，也可放在地势高且平坦处，用篷布加以遮盖。放置时，应将播种机垫平放稳。

● 播种机在长期存放后，在下一季节播种开始之前，应提早进行维护检修。

话题 3　插秧机安全操作

用途和分类

插秧机是将稻苗植入稻田中的一种农业机械，通常按操作方式和插秧速度进行分类。插秧机按操作方式可分为步行式插秧机和乘坐式插秧机，按插秧速度可分为普通插秧机和高速插秧机。目前，步行式插秧机均为普通插秧机，乘坐式插秧机有普通插秧机，也有高速插秧机。不同类型的插秧机如图 2—6 所示。

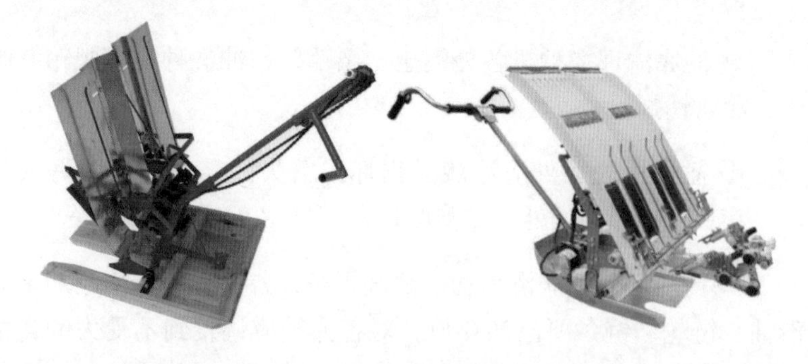

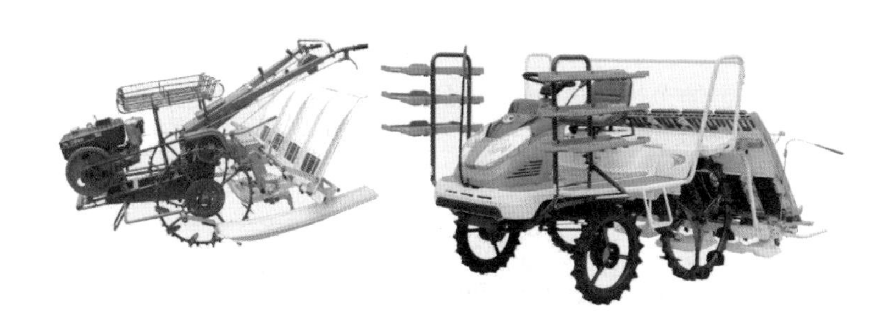

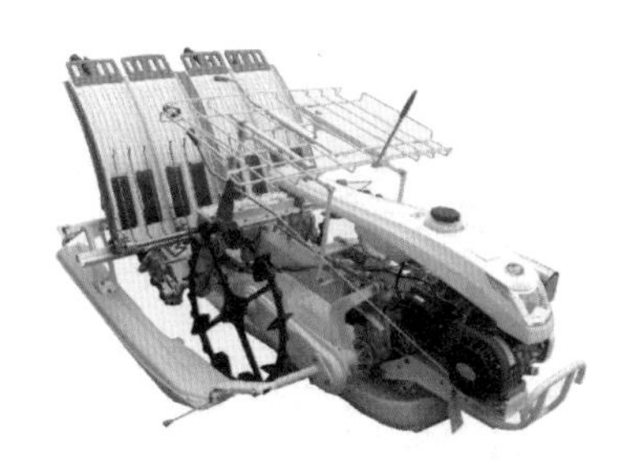

图 2—6 不同类型的插秧机

结构和工作原理

结构 插秧机的典型结构主要包括动力系统、传动系统、液压升降及仿形系统、控制系统、送秧机构、栽植机构、行走装置等几个部分，如图 2—7 所示。

工作原理 发动机分别将动力传递给插秧机构和送秧机构，在两大机构的相互配合下，插秧机构栽植臂的秧针插入秧块抓取秧苗，并将其取出下移，当移到设定的插秧深度时，由栽植臂中的推秧器将秧苗从秧针上压下，完成一个插秧过程。在泥脚层深浅变化的情况下，通过浮板和液压系统，控制行走轮与浮板之间的相对位置随泥脚层深度的变化而变化，确保浮板对泥面的压力保持在一定的范围内，减少壅泥现象，也保持插秧深度前后基本一致。

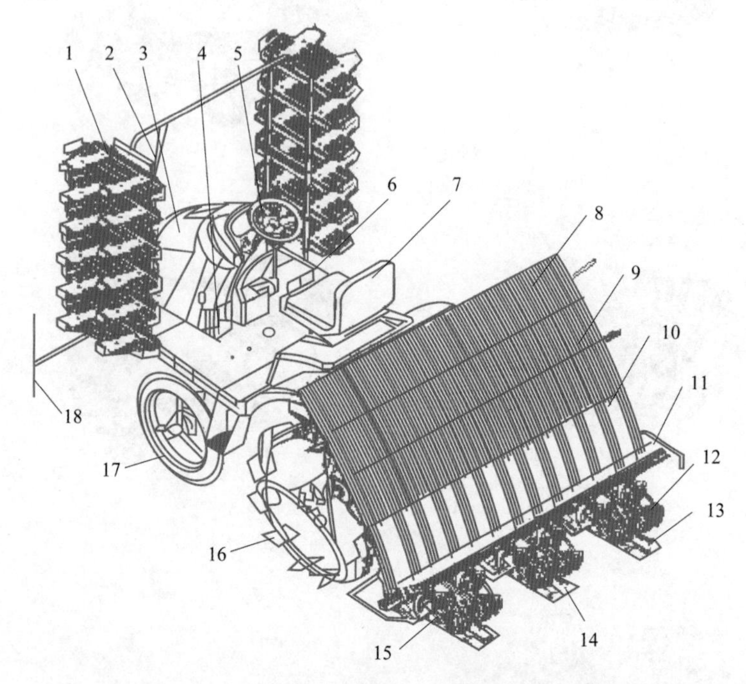

图 2—7　四轮驱动乘坐式六行高速机动插秧机
1—备用秧苗架　2—标志杆　3—发动机　4—主离合器踏板　5—方向盘　6—刹车踏板　7—座椅　8—秧箱　9—压苗杆　10—纵输送带　11—导轨　12—插植臂　13—侧浮船　14—中央浮船　15—旋转箱　16—后轮　17—前轮　18—邻行标志杆

插秧前准备工作

田块准备　田面保持整洁，整平、耙细、泥烂。泥脚小于

40 厘米，水深 1~3 厘米。为防止壅泥，耙后需经 1 天以上的沉淀。深沟深坑处应做上标记，以防陷车。

◎ 秧苗准备　机插秧苗必须是经过规格化培育的毯状、带土壮苗。秧苗生长整齐，不徒长、不落黄；秧龄在 14~22 天，苗高 15~18 厘米；叶龄 2.9~3.5 叶，叶片宽大，叶鞘较短，不软弱披垂，叶色青绿，无虫、病害；根系发达，短白根多，无黑、腐根现象。行距为 30 厘米的插秧机需要的秧块规格为 58 厘米 ×28 厘米（长 × 宽），行距为 23.8 厘米的插秧机所需的秧块规格为 58 厘米 ×22 厘米（长 × 宽），土厚 2 厘米。插秧前一天，检查秧苗土块干湿度，过干或过湿都不宜机插。如苗田有水要提前控水，过干要提前浇水，插秧时用手指按住底土，以手指能够稍微按进去为宜。

◎ 插秧机准备　作业前对插秧机进行检查调整，确保各部件技术状态完好，紧固部件无松动，相对运动的表面润滑良好，各调节、操作部分灵活。仔细阅读使用说明书，查看各部分是否符合本机的技术要求。根据秧苗的生长密度及农艺要求，调节取秧量（每穴的株数），秧针（秧爪）与秧门、秧箱的左右间隙，插秧深度等。检查离合器、变速手柄等是否工作正常。检查各项技术参数是否符合要求。

安全操作注意事项

◎ 插秧机操作人员须经过全面的培训，充分了解插秧机的构造、性能、工作原理、维护保养、故障排除，熟练掌握操作要领和注意事项。

● 插秧机作业前，应对插秧机进行全面的检查和维护保养，使之保持良好的技术状况，各转动部位转动灵活无卡滞、碰撞等现象。

● 发动机起动前，要做好对发动机及各齿轮箱的机油检查以及对各转动、摩擦部位润滑油注油的检查。把主离合器和插秧离合器手柄放在分离位置。在起动时，要注意防止发生身体碰伤的事故。

● 乘坐式插秧机移动行走时左右刹车连接板要连接，防止单边制动引起翻车。

● 调整取秧量，必须在停机的情况下进行。清理秧门及秧针上的杂物、泥土时，必须切断主离合器。

● 插秧作业时船浮板上要保持清洁，防止秧盘或其他杂物缠绕传动轴或万向节，操作人员不得用脚去清理行走地轮及行走传动箱间的杂物与泥土。

● 操作人员在装秧或整理秧苗时，手要远离秧门，防止被秧针刺伤。

● 插秧机在地头转弯和田间转移过程中通过田埂、水沟时，要低速缓慢通过，如通过高田埂时，应挖低填平，过水渠时要搭上木板，确认安全后缓慢通过。

常见故障排除方法

插秧机常见故障排除方法见表2—1。

表 2—1 插秧机常见故障排除方法

序号	故障现象	故障原因	排除方法
1	插秧过程中出现连续漏插	育秧时播种不均匀，秧苗不齐，秧苗缺失；加苗、补苗过程中操作不当，如首次加秧苗时苗箱没有移至最左边或最右边、前盘秧苗插完后补秧不及时等；秧针变形或磨损；推秧器不起作用；秧爪上有泥土、杂草、石子等杂物；秧门有杂物，卡滞变形，安全离合器打滑；插秧深度，横向、纵向送秧量等调节不到位；秧块超宽造成纵向送秧困难；秧块的水分过多或过少	秧田按要求整理好；去除不符合机插秧的秧苗；加苗时秧块按插秧机要求放置，一盘秧苗插完后及时补苗；更换秧针等变形磨损的零部件；及时清除秧爪和秧门上的杂物，检查零部件是否变形；按要求调整送秧量；严格按照作业要求操作机器，不可违规操作
2	秧苗直立度差或漂秧	田块过硬或过软；秧块水分过多或过少；插秧深度调节不当；秧爪磨损；推秧器不起作用；水田水层过深	适当耕整田块，调节苗床水分，调整插秧深度，及时更换秧爪，减小插秧速度，调节推秧器
3	夹秧	分离针尖端磨损或上翘；推秧器变形或磨损，推秧器衬套磨损；压出臂弹簧折断；压出臂与压出凸轮磨损；推秧器与秧针间隙过大；秧块床土过烂；推秧器行程不符合要求	调整分离针，更换磨损零件，校正推秧器与秧针两尖端的间隔距离，使秧块水分适当

续表

序号	故障现象	故障原因	排除方法
4	秧门处积秧	秧爪磨损，两秧针间间隙过窄或过宽，秧苗苗床土过厚、过烂	校正或更换秧爪，调整秧爪间隙或更换秧苗
5	各行秧苗不均匀	秧针调整不一致，纵向送秧张紧度不一致	调整秧针，调节纵向送秧张紧度，使纵向送秧行程一致
6	各行栽植深浅不一致	田块不平整，各栽植臂的零部件磨损不一致，机器浮板深度调节座销孔位置不一致	平整田块，更换磨损零部件，校正机器左右平衡度
7	分离秧针碰秧门	秧门错位，插植臂安装不当，秧针变形上翘，取秧量调整过大	将秧门复位并固定好，插植臂调整至正确位置，校正或更换秧针，调整取秧量
8	主离合器分离不彻底	皮带变形伸长；皮带沾水打滑；定位螺钉松动，离合器拔销脱落；离合器拔销严重磨损	更换皮带，拧紧定位螺钉，更换离合器拔销
9	插秧离合器分离不彻底	调节螺母位置不当，分离销与调节螺母滑扣，拉簧折断或伸缩行程变短，定位凸轮磨损	将调节螺母调至正确位置，更换分离销或调节螺母，更换拉簧，更换定位凸轮
10	某组栽植臂不工作	传动箱传动轴折断，链条脱销或折断	检查传动箱和链条，如有零部件折断及时更换

话题 4 喷雾机安全操作

用途

喷雾机是应用最广泛的一种施药机械，分农用、医用和其他用途（如工业用）。农用喷雾机可以将溶于水或油的化学药剂、不溶性材料（可湿性粉剂）的悬浮液、各种油类以及油与水的混合乳剂等分散成为细小的液滴，均匀地散布在植物体或防治对象表面，达到杀灭害虫和病菌的目的。

一般称人力驱动的为喷雾器，动力（发动机、电动机）驱动的为喷雾机。喷雾机按工作原理分液力、气力和离心式喷雾机。按携带方式分手持式、背负式、肩挎式、踏板式、担架式、推车式、自走式、车载式、悬挂式等，此外还有航空喷雾机。不同类型的喷雾机如图 2—8 所示。

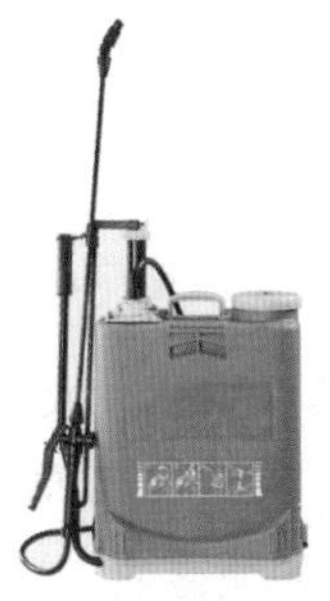
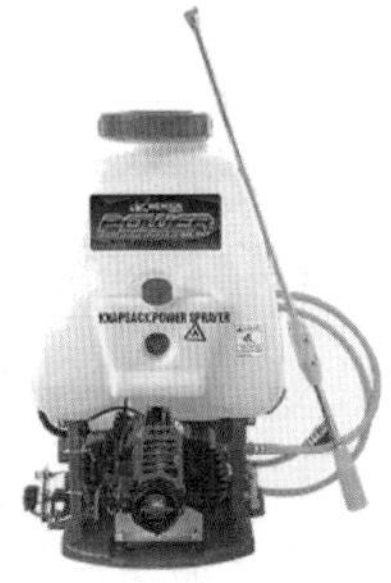

图 2—8 不同类型的喷雾机

结构原理

常用的手动喷雾机（也称为喷雾器）和机动喷雾机的工作原理基本相似。喷雾机一般由药液箱、搅拌装置、压力泵、空气室、调压安全阀、压力表、喷头、喷枪等部件组成。工作时靠压力泵将药液箱内的药液吸出，并压至空气室。获得一定压力的药液通过雾化喷射装置后高速喷出，与外界空气发生猛烈碰撞，粉碎成细小雾粒，均匀喷洒在植物表面。喷雾机按动力来源分为手动喷雾机（喷雾器）和机动喷雾机。

● 手动喷雾器结构和工作过程　以常用活塞泵手动背负式喷雾器为例，活塞泵手动背负式喷雾器由药液箱、皮碗活塞泵、空气室、喷射部件等组成，具体结构如图 2—9 所示。工作时，上下揿动摇杆，使活塞杆在泵筒内做往复运动。当活塞杆上行时，泵筒内皮碗下方容积增大，压强减小，药液箱的药液经进水阀进入泵筒。活塞杆下行时，皮碗下方容积减小，压强增大，泵筒内的药液经出水阀进入空气室内，空气被压缩，对药液产生压力，此时打开开关，药液连续、均匀地流向喷头，经喷头后药液被雾化成细雾滴喷出。

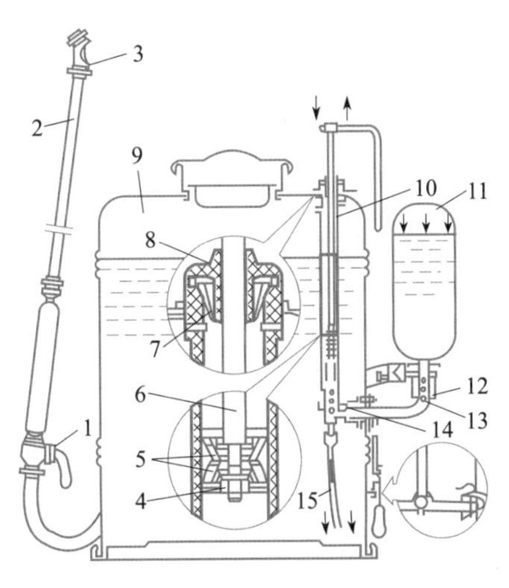

图 2—9 手动背负式喷雾器结构

1—开关 2—喷杆 3—喷头 4—固定螺母 5—皮碗 6—活塞杆 7—毡圈 8—泵盖 9—药液箱 10—缸筒 11—空气室 12—出水球阀 13—出水阀座 14—进水球阀 15—吸水管

机动喷雾机结构和工作过程 以常用机动背负式喷雾喷粉多用机为例，机动背负式喷雾喷粉多用机由药液箱、风机、药液喷头、喷管等组成，具体结构如图 2—10 所示。喷雾作业时，风机产生的高速气流流经喷管和喷口，使喷口处压强降低，风机产生的另一部分气流流经进风阀、进气塞、软管、滤网、出气口，进入密封的药箱内形成一定的压力，使药液流入喷管，遇到从喷管喷出的高速气流被进一步雾化成细小雾滴吹送到作物上。

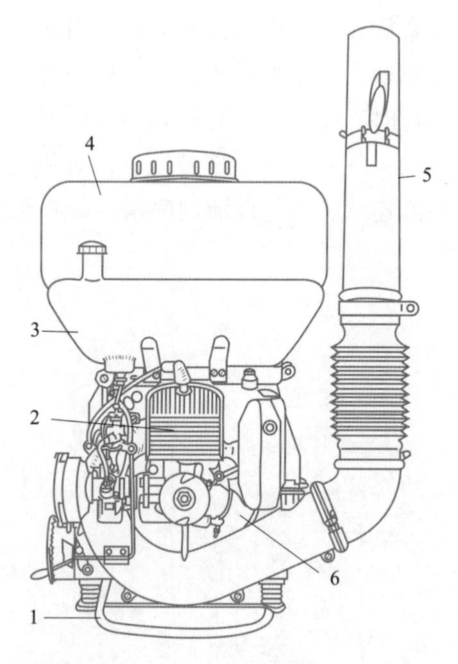

图 2—10　机动背负式多用机结构

1—机架　2—发动机　3—油箱　4—药箱　5—喷管　6—风机

使用与保养要点

1. 手动喷雾器

- 新皮碗使用前应浸入机油，浸泡 24 小时后方可使用。

- 正确使用喷头。大孔片流量大，雾滴粗，适用于较大的作物。小孔片适用于苗期作物。若在喷孔片下面增加垫圈，即增加涡流室深度，可使流量加大，雾滴变大。

● 背负作业时，应每分钟掀动摇杆 18~25 次。操作时不可过分弯腰，以防药液溅到身上。

● 加注药液时不许超过桶壁上水位线。空气室中的药液超过安全水位线时，应立即停止打气，以防空气室爆炸。

● 使用完毕后，应把药液箱内的剩余药液倒净，加入清水，扳动摇杆进行喷射，清洗泵筒和喷管内部，最后擦干。

● 长期不用时，分别拆开喷杆、输液水管，将其竖直挂起，排出里面的液体。皮碗和各运动部件应加润滑油。皮质垫圈应浸足机油，以免干缩硬化。橡胶管切勿同油类接触，以免腐蚀变质。

2. 机动喷雾机

● 使用前，要对操作人员进行必要的技术知识培训。经过培训后基本达到：会实际操作，会排除一般故障，懂机器构造，懂安全操作规程和安全防范措施。

● 在操作机器前，应先检查各零部件是否齐全有效。对于新机具，应将缸体内的机油排除干净，并检查压缩比和火花塞跳火是否正常。

● 作业开始前，要先用清水试喷，观察各处有无溢漏现象。

● 采用背负式机动喷雾机作业时，不论喷雾还是喷粉，都应顺风向喷施。

● 停止喷药作业时，应先关闭开关，然后再关闭汽油机。

● 机动喷雾机一般采用二冲程汽油发动机，使用混合燃油（汽油与机油的混合比例为 15∶1），在使用过程中要严格按照规定配制。加油时，必须停机进行，以防发生火灾。

● 发动机起动后，应空转 3~5 分钟，待运转正常后，再进行喷药作业。避免长时间高速空转。

当天作业后，要立即将药箱内残存的药液清理干净，检查各连接处是否有漏水、漏油现象，并及时处理。

保养后应将机器放在通风干燥处，切勿靠近火源和易燃物。长期存放时，应对整机仔细进行全面清理，清除、清洗残存药液和尘土、油污等，塑料部件应避免碰撞、挤压、暴晒。对所有零部件保养后，应用农膜包装盖好，放置在室内通风干燥处。

安全操作注意事项

参加作业的人员必须了解喷雾机的工作原理，熟悉药剂性能、使用方法、防护要求等，了解基本的中毒症状和现场紧急救护方法。

操作人员必须穿戴防护用具，携带毛巾、肥皂等洗漱用品，身体接触药液的部位应及时清洗，作业区内应备有必要的急救药物和清水。

体弱多病者、外伤未愈者、哺乳期妇女、孕妇等不得参加喷雾作业，且不宜靠近作业现场。

作业过程中保持喷雾机药液箱及喷管部位药液无渗漏，喷雾机技术状态良好，不得在超负荷状态下长时间作业。

使用牵引式和悬挂式机动喷雾机要逆风向作业，防止药液顺风飘走。使用手动人力喷雾机作业时应顺风向而行，防止药液大量飘洒在人身上。

喷雾作业现场不准饮食、吸烟，发现有中毒症状时，应立即停机，及时送医。

机动喷雾机谨防燃油泄漏及发生火灾事故。操作过程中，双手不要触及消音器、汽缸体，避免烫伤。起动时身体要远离高速旋转的起动轮，起动后应立即将防护罩合上。手指不要伸入风机进风口，避免发生意外伤害事故。

机动喷雾机工作药液浓度大，喷洒雾粒细，作业范围大，必须注意喷洒均匀并且控制喷洒区域，避免因药液浓度过高产生药害以及环境污染的现象。

作业后，手、脚、脸、鼻、口都必须清洗干净，鞋帽、手套、口罩、工作服等未经清洗不准带入住宅内。

剧毒药剂应放在指定地点由专人保管。已盛装过农药的器具和包装物品，要妥善处理，不准乱扔，并严禁用于盛装农产品以及其他食品。如有药液洒落在其他物体上或地面上，应彻底清洗或用土掩埋。作业结束后，应选择适当地点和方法清洗喷雾机，严防污染水源。

专家提示

喷雾机安全作业口诀

喷雾机，功效高，安全作业最重要。

操作员，须培训，操作规程要记牢。

说明书，要细读，安全知识记心上。

作业前，先检查，技术状况要良好。

穿长衣，换长裤，戴好眼镜和口罩。

灭病虫，配农药，药液比例要适量。

作业中，喷均匀，病虫草害无处藏。

中午时，温度高，为保安全不喷了。

晴天喷，雨天停，喷洒药物不跑掉。

作业后，要洗手，清洗衣裤和口罩。

收机后，勤保养，确保机器无故障。

喷药液，治病虫，安全作业不能忘。

话题 5　联合收割机安全操作

结构及分类

目前应用最广泛、技术比较成熟的是谷物联合收割机，谷物联合收割机简称联合收割机。下面以谷物联合收割机为例介绍联合收割机的使用知识。

谷物联合收割机的结构一般包括割台、倾斜输送器、脱粒部分（包括脱粒、分离、清粮装置等）、行走装置、传动系统、电器控制系统、底盘、发动机、驾驶室、粮箱等部分。

1. 分类

（1）按照动力配置形式分类

联合收割机可分为牵引式、自走式和自走底盘式等几种类型。

- 牵引式联合收割机一般由拖拉机牵引前进，收割机工作动力由拖拉机动力输出轴提供或者由收割机自带的发动机提供。

- 自走式联合收割机的牵引动力和工作动力均来自于其自带的发动机，无须拖拉机等其他装置牵引。

- 自走底盘式联合收割机的特点是在收获季节以后，可以拆下联合收割机，将发动机和底盘另作他用。由于在设计时已经考虑了底盘的综合利用，所以自走底盘式联合收割机的总体布置比较合理，但其结构较复杂，制造成本较高，目前应用不多。

（2）按照作物的喂入方式分类

联合收割机可以分成全喂入式和半喂入式两种。

- 全喂入式联合收割机将整株作物割下输送到联合收割机内进行脱粒，使秸秆与籽粒分离开来。

- 半喂入式联合收割机只将作物的上半部喂入联合收割机进行脱粒，作物下半部未进入联合收割机，秸秆比较完整。

2. 结构

全喂入式和半喂入式联合收割机结构如图 2—11 所示。

作业前技术检查与调整

收获季节是非常短暂的，为了保证收割机得到较充分的利用，保证在作业过程中故障少、工作效率高、收割质量好，每年收割前都要做好联合收割机的技术检查与调整。技术检查与调整主要包括以下内容：

- **检查部件安装位置**　检查机器各部件安装位置是否正确。各部件安装位置如不正确，就会发生机械故障。

- **检查焊接件**　检查各焊接件之间的焊接处是否有裂缝或脱焊，如发现问题，应及时更换零部件或补焊。

- **检查各类油液**　检查燃油、机油、液压油、齿轮油和冷却水是否充足。机器起动前应加足相应牌号的各类油料和冷却水。各润滑部位按规定加注润滑油。

- **检查紧固件**　检查各紧固件是否有松脱现象，包括各主要

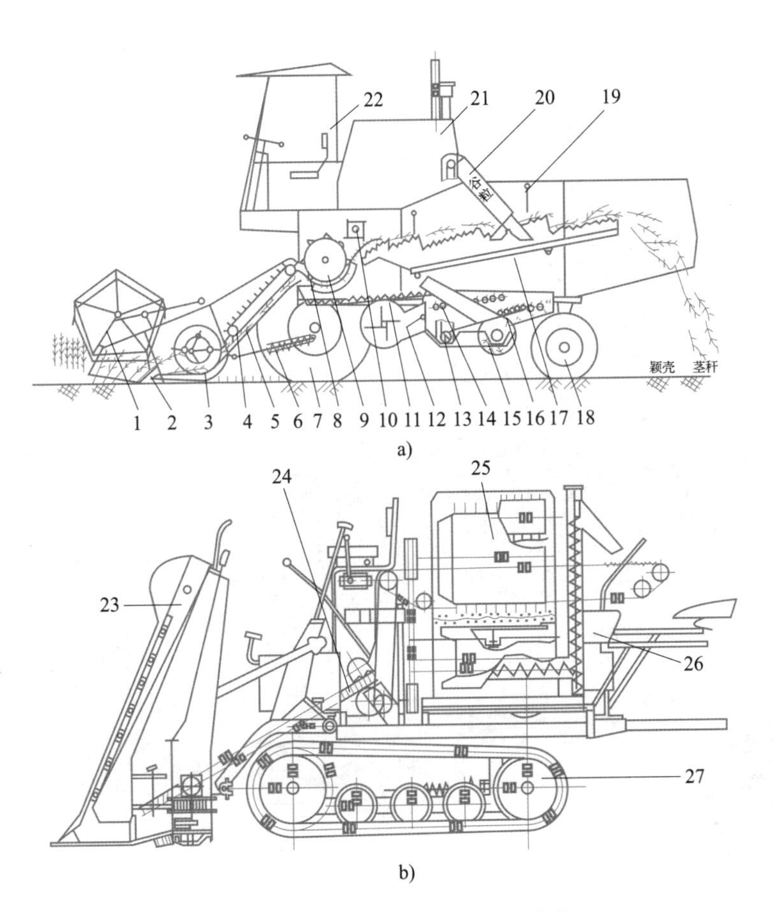

图 2—11 自走式联合收获机的结构简图

a）全喂入式 b）半喂入式

1—拨禾轮 2—切割器 3—割台螺旋推运器和伸缩扒指 4—输送链耙 5—倾斜输送器（过桥） 6—割台升降油缸 7—驱动轮 8—凹板 9—滚筒 10—逐稿轮 11—阶状输送器（抖动板） 12—风扇 13—谷粒螺旋和谷粒升运器 14—上筛 15—杂余螺旋和复脱器 16—下筛 17—逐稿器 18—转向轮 19—挡帘 20—卸粮管 21、26—发动机 22—驾驶室 23—割台 24—中间输送装置 25—脱粒装置 27—行走机构

部件的紧固螺栓和顶丝等，特别是负荷重、振动大、转速高的部件的螺栓和顶丝的紧固情况，如有松动，应及时紧固。

检查传动链 检查各传动链条和皮带有无损坏及过紧、过松情况。如传动皮带过松，传动中会出现打滑，造成传动动力不足，影响收割机作业质量。如果链条、皮带过紧，会加重负荷，加速链条、皮带的磨损。如有不正常，应及时更换皮带或调整张紧机构。

检查转动部件 检查各转动部件的运动是否灵活可靠，活动间隙、轴向窜动量是否在允许范围内。如转动不灵活应加注润滑油或更换零部件，间隙过大则应进行调整。

检查与调整割台 割台检查与调整的内容包括拨禾轮、切割器、割台搅龙、倾斜输送器等部分的检查与调整。

◆检查与调整拨禾轮 主要是检查与调整拨禾轮的转速和高度。根据作物高度及倒伏情况调整拨禾轮的高度和转速。

◆检查与调整切割器 主要是检查与调整割刀行程和切割器间隙。割刀行程和切割器间隙对收割质量有很大影响，如不符合规定，应予以调整。割刀行程的调节方法是：先把连杆从球铰销上卸下，转动球铰，改变连杆长度即可改变割刀行程。切割器的间隙应根据收割机的型号，参照使用说明书进行调节。

◆割台搅龙和倾斜输送器的检查与调整 主要是调整搅龙与底板间隙及搅龙转速的大小。一般情况下其间隙为 6~12 毫米。搅龙转速可通过更换传动轮来调整。

检查脱粒滚筒 脱粒质量主要取决于滚筒转速与凹板间隙。滚动转速过高、凹板间隙过小易造成籽粒破碎，相反则脱净率低。滚筒转速可通过更换传动主动轮和被动轮的大小进行调整。凹板间隙可通过使调节手柄绕调节板旋转并改变连接的调节孔的方法进行调整。

检查与调整分离装置 分离装置有传统的逐稿器和新型的轴流滚筒式分离装置两种。逐稿器检查的主要内容是木轴瓦间隙，其大小应以拧紧后保证曲轴转动灵活为宜。对轴流滚筒式分离装置的检查主要是看滚筒转动是否轻便、灵活、可靠。

检查与调整清选装置 清选装置主要是检查筛子的开度和风扇转速。加大筛片开度时，清选速度快，但粮食中杂余量增多；

减小开度时，粮食损失率增加。筛子开度可通过转动调节轴进行调整。风扇的风量大小也直接影响清选效果，所以也必须进行检查，必要时予以调整。

● **检查与调整粮箱**　粮箱的检查主要是检查升运器链条的松紧度。检查时打开窥视窗，用手拉升运器链条，测量链条与中间板之间的间隙，一般应使其间隙保持在 10~15 毫米，否则应按规定进行调整。

● **检查发动机技术状态**　发动机的技术状态包括起动时的难易程度，起动后机油压力、机油温度、冷却水温度等是否正常，空气滤清器的连接胶管是否密封，电流表有无充电指示，发动机声音以及发动机的燃油消耗是否正常等。

● **检查离合器技术状态**　联合收割机上的离合器有行走离合器和工作离合器两种。行走离合器的分离杠杆和分离轴承的正常间隙为 1.5 毫米，离合器踏板的自由行程为 20~30 厘米，分离杠杆的端头应在同一平面内。在技术要求上应达到接合时传递动力可靠，分离时迅速彻底，换挡容易、无打齿声响等。否则，就需要进行调整。工作离合器应保证传动可靠、接合时平稳。

● **检查制动器性能**　制动器要求制动可靠，制动踏板的自由行程为 20~30 厘米，蹄式制动器的制动蹄与制动轮毂之间要有适当的间隙，以免行走时互相摩擦，其间隙的大小可通过制动螺杆来调节。

● **检查操纵装置**　联合收割机的操纵装置包括变速箱、离合器、制动器、加速器、转向和液压操纵杆等。操纵装置必须灵活、准确、可靠。特别是液压操纵机构，使用时必须准确无误。

● **检查液压系统**　液压系统包括液压升降系统和液压转向系

统等。检查时主要看该系统操纵是否灵活、准确、可靠。在给液压系统加压前，所有连接接头必须拧紧，确保油管和软管无漏油现象。液压转向系统修理后，必须进行排气，在排气之前不能开动联合收割机，否则，将导致方向操作失灵。

● 检查电气系统　电气系统包括电源、起动部分、信号部分、仪表和照明。电源即蓄电池，应固定牢固，充电充足，蓄电池液面高于极板 10 毫米，导线应连接牢固。信号部分包括喇叭、前后信号灯等，信号系统应指示明确，无故障。仪表须指示灵敏、无误。

使用与保养

联合收割机在使用过程中会随着时间的增加，技术状态不断恶化，工作能力也将逐渐下降，但是正确的使用和操作可延长其使用寿命，提高其使用可靠性。

1. 试运转

新机或保养后的收割机，必须进行试运转磨合。

● 发动机试运转　根据检修保养内容，确定冷运转磨合或热运转磨合，检查机油压力表、机油温度表、水温表是否正常，有无漏油、渗水、异常响声。

● 行走试运转　可按 1 挡、2 挡、3 挡、倒挡顺序，分别左、右转弯，检查转向机构、制动器是否灵敏，离合器连锁机构是否可靠。

● 切割、脱粒、分离、卸粮等工作机构试运转　检查监测仪表的可靠性和灵敏性。

2. 技术保养

定期对联合收割机各部分进行清洁、检查、紧固、调整、润滑及添加和更换易损零部件等工作。

● **联合收割机的清洁** 清除机器上的颖壳、碎茎秆及其他附着物，及时润滑一切摩擦部位，外面的链条要清洗，用机油润滑。

● **发动机技术状态的检查** 包括油压、油温、水温是否正常，发动机声音、燃油消耗是否正常等。

● **收割台的检查与调整** 包括拨禾轮的转速和高度，割刀行程和切割间隙，搅龙与底面间隙及搅龙转速大小是否符合要求。

● **脱粒装置的检查** 主要是滚筒转速和凹板间隙应符合要求，应使转速较高，间隙较小，但不得造成籽粒破碎和滚筒堵塞现象。

● **分离装置和清选装置的检查** 逐稿器的检查应以拧紧后曲轴转动灵活为宜，轴流滚筒式分离装置主要是看滚筒转动是否轻便、灵活、可靠。

● **其他项目检查** 焊接件是否有裂痕，各类油、水是否洁净充足，紧固件是否牢固，转动部件运动是否灵活可靠，操纵装置是否灵活、准确、可靠，特别是液压操纵机构，使用时应准确无误。

3. 正确使用和操作

按规范操作可减少故障，提高效率。

● 无负荷起动发动机，低转速接合离合器，扳动操纵阀使联合收割机减速，将收割台降至正常割茬高度，加大油门，发动机达额定转速时入区收割。

● 收割机运行 50~100 米后停车检查作业质量，需要时进行必要的调整，直至作业质量达到要求后，投入正常工作。

◉ 始终采用大油门作业，不可用减小油门来降低前进速度。油门越小，收割机的收割和脱粒部分各工作机构运动节奏越慢，会降低作业质量甚至堵塞收割台或滚筒。大油门作业后切忌立即关机。

◉ 作业时可利用操纵阀和换挡来变速。

◉ 越过障碍物时应及时调整割台高度。

◉ 在使用中应保持正常的温度规范、转速规范和负荷规范。

4. 闲置时的保养

通过对联合收割机闲置时的保养，确保其完整完好。

◉ 清除尘土和污物，打开机组全部窗口、盖板、护罩，认真清除机内各处的草屑、断秸、油污，使机组清洁。

◉ 卸下链条，用柴油清洗干净后浸没在机油中 20 分钟，然后用纸包好单独存放。取下皮带，清洗后晾干，抹上滑石粉，妥善保管。

◉ 更换各部位的润滑油，然后无负荷地转动几下。

◉ 在工作摩擦部位或脱漆处涂油防锈。

◉ 用水刷洗机器外部，干后用抹布抹上少量润滑油。

◉ 机器入库后降下收割台并放在垫木上，把驱动轮桥和转向轮桥用千斤顶顶起并垫好垫木，机体安放平稳且轮胎离地，降低轮胎气压至标准气压的 1/3。

◉ 放松安全离合器弹簧和其他弹簧。

◉ 保存期间，定期转动曲轴 10 圈，每月将液压分配阀在每一工作位置扳动 15~20 次。为防止油缸活塞工作表面锈蚀，应将活塞推至底部。

● 发动机和蓄电池按其各自的技术保管规程进行保管。

收割作业

收割机的田间作业是收割机驾驶操作的主要内容，也是每一个收割机驾驶员必须掌握的基本技术。熟练和正确地掌握收割机的田间作业技术，对于提高收割机作业效率，降低作业成本，具有重要意义。

1. 试割

试割主要有两个目的，一是再次检验收割机各部件工作是否正常，二是根据试割的情况对收割机进行必要的田间调整，以使收割机作业时能达到所需求的作业质量。试割的方法和步骤主要包括以下内容：

● 先将收割机由田间右角进入事先准备好的田头空地停下，机器对直作物边行，使割台距前方作物有 0.5~1.0 米的距离，外分禾器处于割区之外。

● 出粮口挂好接粮袋。

● 踏下离合器踏板，合上动力输出轴手柄（或工作离合器），挂上选择好的作业挡位，操纵割台液压升降手柄，降下割台。

● 加大油门，使发动机达到额定转速，保证收割机各部件处于正常作业状态，在一切无异常后，慢慢地放松离合器踏板，进入割区。

- 进入割区后，保持中大油门，观察割茬高度，调节液压升降手柄，使割茬高度保持在150~200毫米（半喂入式机型为40~80毫米）。

- 仔细观察收割机各部件运转情况，前进10~20米的距离后，停止前进，继续保持发动机中大油门10~20秒，待机器内部的谷物脱粒完毕后，脱开动力挡（分离工作离合器），停车熄火。

- 保持液压升降手柄位置不变，将下限位螺钉移到手柄下靠近手柄处固定，这样就可保证割刀每次都能在已调整好的高度上切割，保持割茬高度一致，避免操纵时割台下降位置过低使切割器插入泥土之中。没有液压升降机构的收割机应事先限定割刀的最低位置。

- 根据试割情况，对收割机进行必要的田间调整。

2. 田间调整

- 收割机的田间调整主要是根据不同的作物品种、产量、高矮、倒伏及成熟程度等农艺条件，针对收割机试割情况，对收割机作业的适应性进行适当的调整，以求得最佳的作业效果。

- 田间调整主要内容有拨禾轮位置、螺旋搅龙及伸缩拨杆、清选机构、脱粒滚筒及凹板等的调整。对于半喂入式机型，主要有喂入口大小位置及作物喂入深度的调整。

3. 开割道

完成了收割机田间作业调整以后，就可进入正常作业。收割机正常作业的第一步就是开割道。开好割道是减少收割损失、提高机器作业效率的关键。开割道的方法一般是从田的一角开始，收割机在田块的右角下田，沿着田块的右边割出第一行，割到田块尽头后倒退10~15米（约2倍机组长度），然后斜着割出第二行，按同样方法割出第三行。一般情况下，这时机组已可以转弯，用同样的方法开出横的割道。把田块四周的割道开好后，收割机就可顺利地进行作业了。收割机开道时应注意的事项如下：

- 如果田块整齐连片，可以把几块田连接起来开出割道，割出三行宽的割道后再收割，可提高收割效率。

- 如田块泥脚较深，机器转弯困难，可用单边制动来帮助转向。对于履带式机型，若履带较松，履带沿沟边倾斜运行中转向时容易脱轨。

- 开割道时，机组靠近田埂作业，操作时要注意及时提升割台，以防拨禾器和切割器插入田埂，损坏机具。

- 对于作物产量较高田块的开道，由于第一行收割无法减少割幅作业，使得喂入量超过额定喂入量，应采取大油门最低挡作业。若不便于采用最低挡作业，则应让收割机停顿一下，待堆积在机具上的谷物脱粒清选后，再重新收割，即采用逐段收割的方法作业。

4. 收割方法及其选择

收割机在作业时，一般使机组右侧紧邻已割区，这种收割方法叫左旋法。实际作业中，左旋法收割可以有以下两种行走方法：

- 四边收割法　对于长宽相差不多、面积较大的田块，开出割道后，可以采用四边收割法进行收割。当一行收割到头时，略微抬起割台，待机器后轮中心线与未割作物平齐后，向左急转弯30°~40°，然后边倒车边向右转弯，将机组转过90°，当割台刚好对正割区后停车，挂上前进挡，放下割台，再继续收割，直到将作物收割完毕。

- 双边收割法　这是一种比较常用的作业方法，适用于长度比较长、宽度比较窄的狭长形田块。先用四边收割法沿田边外圈割出 3~4 圈后，自第 4 圈（或第 5 圈）起，只沿长度方向收割。机组从一侧割到头后，通过大转弯方式绕过已割出的田头至另一侧长度方向继续收割。用这种方法行走，机组虽然有田头空行程，但不用倒车，因而仍能发挥出较高的效率。

对于面积不大的狭长形田块，可先将田块两头开出 3~4 行宽的割道，以后直接沿长度方向收割。

5. 田间操作要领

- 起步要平稳。
- 收割时尽量走直线。
- 用中大油门工作。
- 选择适当的前进速度。
- 过田埂的操作。一是应选择与田埂垂直的方向跨越田埂。二是当前轮跨越田埂时，应随着前轮的升高，将液压升降手柄继续向前推，使割台继续往下降，以保持和地面的距离不变。三是当后轮越过田埂时，随着后轮的升高，应将液压升降手柄继续向后拉，以提高割台，防止割刀铲泥。四是注意割茬不能过低。五是对于轻度倒伏的作物，应采用逆向收割的方法进行收割，可降低收割损失。

6. 特殊情况下的操作

（1）下田

下田要求选择在田坎高差较小的地方进行。如田坎高差较大，事先应用石块或泥土填成斜坡，或将高坎适当扒低。借用跳板下田时，跳板应牢固，能承受收割机的重量，且宽度至少要比拖拉机后轮（或履带）宽100毫米以上。由于收割机组重心位置都比较高，所以下田时要求在田坎垂直方向进行，防止左、右轮胎高低不一致造成机组侧翻。下田前，应先人工将田头一角的作物割去。下田时要有人指挥，用低速挡，做到小心、谨慎、缓慢，以确保下田安全。下田的坡度较陡时，为防止下田时割刀铲进土中，机组可后倒下田。

（2）过田埂沟渠

田间转移过田埂、沟渠时，应将田埂扒低或将两边用石块、泥土等填成斜坡。沟渠一般要用石块或泥土填平压实，或在中间搭上跳板。通过时，先将割台升至最高位置，然后从沟的垂直方向缓慢通过。履带式机型，机器在田埂上处于中间位置平衡状态时，应踏下离合器踏板，利用行驶惯性使收割机履带前部缓慢着地，然后再合上离合器，使机器平稳地驶过田埂。应避免过埂速度过快，造成履带前部着地时过大冲击，损坏机件。

田埂或沟渠较高或坡度较大时，宜用倒车的办法通过，以免损坏割台零件。

（3）陷车

悬挂式联合收割机在作业中，如遇行走装置打滑不能前进时，应立即停车，不能盲目加大油门冲车，以免越陷越深。这时，可根据具体情况，采取以下有效措施：

- 如系一侧驱动轮打滑，带有差速锁的拖拉机应立即操纵差速锁操纵手柄，用未打滑一侧驱动轮的驱动力，将收割机驶出打滑地段。注意，使用差速锁时，拖拉机不准转向，收割机驶出打滑地段后，应立即将差速锁操纵手柄恢复原位。

- 没有差速锁的收割机或采取上述方法仍未将收割机驶出打

如果上述措施无效，甚至越陷越深，应找一台拖拉机帮助拖出，拖曳时，钢丝绳应拴在拖拉机的前、后桥上。若仍无效，只有将收割机输送槽、割台等卸掉，以减轻驱动轮上的负荷，然后再用木棍撬、人力推或拖拉机拉的办法将收割机拉出打滑地段。

滑地段，应挖去前、后桥和油底壳底下壅泥，在驱动轮前下方垫石块、草袋、圆木、跳板，或就近找一些稻草、秸秆等以增加驱动轮的附着力。

- 如田块前面有大树，可找一根长度相当的钢丝绳拖拉，方法是一端拴住大树，另一端绕过拖拉机后桥驱动轴壳体，拴在驱动轮辐盘上，利用驱动轮旋转时作用在钢丝绳上的拉力，将收割机拖拉出打滑地段。

- 如果收割机单侧陷入深沟，因机组重心较高，为防止收割机侧翻，操作时要十分小心，必要时应用千斤顶将陷车一侧轮子顶起并用石块、木块等塞平，或者直接将收割机有关部件卸掉，以降低机组重心位置和负荷，使收割机安全驶离打滑地段。

（4）上、下渡船

收割机转移过河时，应用专用船只，吨位要偏大，跳板要宽阔、牢固、防滑，两块跳板要放齐、放平。应选择在河岸平缓的位置上船，并用高强度的缆绳将船牢牢拴在岸旁，不得移动。上船时，应有人协助和指挥，用低速挡缓慢上船。

上船后收割机应停放在船的中间，不要偏重，以免船体倾斜。

轮胎或履带前、后要用三角木或石块塞住，以防收割机滑移。同时要放下割台，挂上挡位，以增加机组的稳定性。船在行驶途中，收割机两侧不要站人。36 千瓦以上悬挂式机型，因机组尺寸和重量都较大，重心位置较高，一般不宜载渡。

（5）夜间作业

夜间作业时，驾驶员应睡眠充足，精力集中，必须在白天预先看好田块地形，对深沟、高坎、河道、坑洼、坡道、肥料坑等做到心中有数，并做好记号。夜间作业视线差，收割机前、后灯应齐全完好，操作时要小心谨慎，特别注意不要将河塘水面与水田水面看成一体。夜间作业谷物湿度大时，筛孔易被杂余谷物堵塞，应经常注意清选筛工作情况，以免造成不必要的浪费。

安全操作注意事项

- 作业时严禁非作业人员停留在收割机上，联合收割机作业人员必须通过梯子上下，梯子上不准有油污及其他杂物等。

- 牵引式联合收割机作业时，必须设置联系信号，拖拉机驾驶员必须听从收割机操作人员的指挥。

- 切割器或输送机构堵塞时，严禁用手或者金属件直接清理。必须在停机和切断动力后进行清理。

- 卸粮时，人不准进入粮仓，不准用手、脚或金属工具等伸入粮仓清理粮食，接粮人员的手不准伸入出粮口。

- 对联合收割机进行保养、检修或排除故障时，发动机必须熄火。保养、检修完毕，用人力转动，确认各部件运转正常，方可开动机器。

● 在割台下部保养和检修时，应提升割台，并用安全支架将割台支撑稳固。

● 田间转移时必须卸完粮仓内的谷物，将割台提升到最高位置予以锁定。夜间转移，应事先探明路线。

● 作业区内严禁烟火。

● 应经常清理拨禾轮、搅龙上的缠草。

● 收割机各油料储存及输送部件不准出现漏油现象，应定期清除油管上的积灰，严防发生火灾。

● 夜间保养、加油及排除故障时，不准用明火照明。

● 联合收割机上必须有足够、完备的消防器材和急救药品。

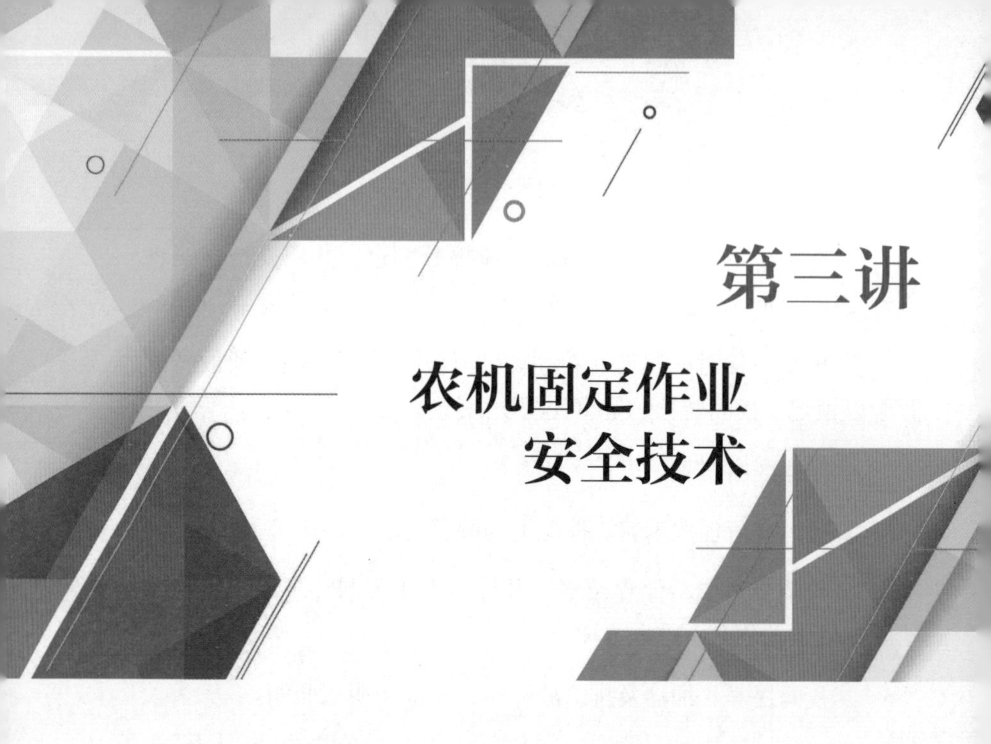

第三讲

农机固定作业安全技术

话题1 脱粒机安全操作

分类

脱粒机（图3—1）是一种将田间收获的农作物经过机械碾打、搓擦、分离、清选等工序，使作物籽粒与茎秆分离，一次性或再经过辅助清选等手段达到入库要求的作业机具。

脱粒机按照动力供给方式，可分为固定式和移动式（包括牵引式和悬挂式）两种；按照作物喂入方式，可分为全喂入式和半喂入式两种；按照结构形式，可分为简式、半复式和复式；按照作物适用性，可分为稻麦脱粒机、玉米脱粒机、大豆脱粒机等机型。

固定作业的脱粒机主要以小型、户用为主，如丘陵山区应用

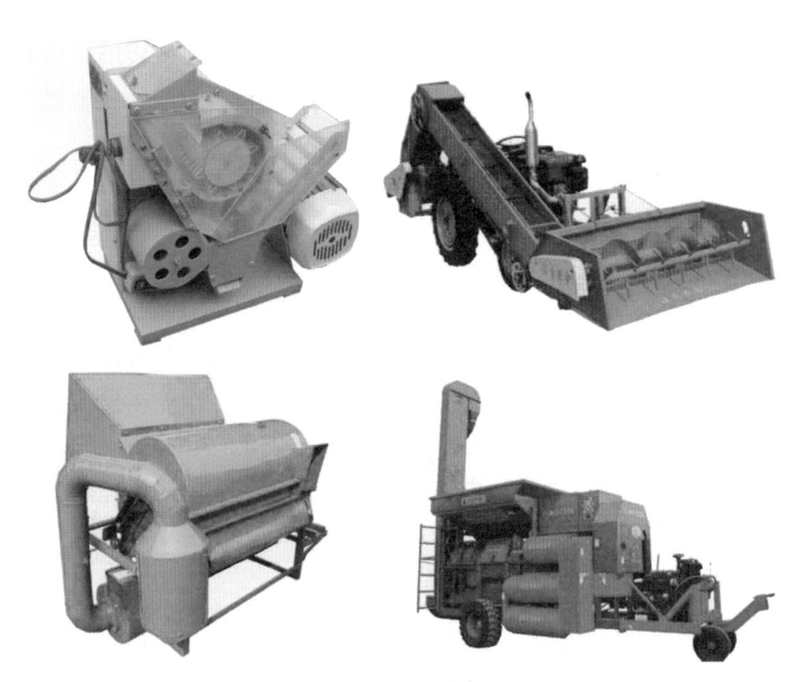

图 3—1 脱粒机

较多的半喂入稻麦脱粒机、小型玉米脱粒机。它以电机或柴油机为动力设备，机型小，设备投资少，结构简单，操作容易，多在庭院和田间地头作业。大中型固定作业的稻麦脱粒机一般采用全喂入式，脱粒机生产率高，体积大，质量大，设备投资大，适合于专业户及农场使用。

结构与工作原理

1. 主要结构

脱粒机主要由喂入装置、脱粒装置、清选装置、传动装置及机架组成。脱粒装置是脱粒机的核心部件，由高速旋转的滚筒和固定的凹板组成。脱粒滚筒上有交错排列的脱粒齿。脱粒装置按作物喂入方式可分为全喂入式和半喂入式两大类。

2. 工作原理

常用的小型半喂入式脱粒机，其脱粒装置的主要特点是采用弓齿滚筒进行脱粒。脱粒机的结构如图 3—2 所示。脱粒机工作时，先起动电动机（或柴油机），轴流风机随之转动，并通过三角皮带传动机构，带动脱粒滚筒旋转，进而进行脱粒作业。操作人员握住作物茎秆基部，仅将带有穗头的上部喂入脱粒滚筒，作物的穗部在脱粒室经弓齿的打击和梳刷、凹板和翻草板的揉搓翻滚进行脱粒。籽粒通过凹板筛孔分离出来，碎草、残穗经排杂装置或复脱装置复脱或分离后排出，完成脱粒和清选。

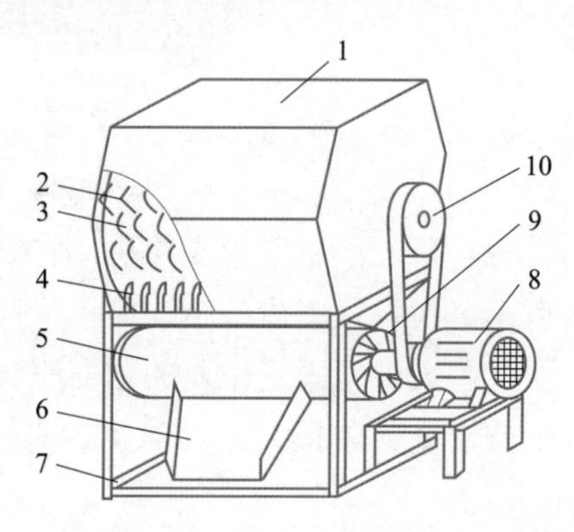

图 3—2　脱粒机结构

1—罩壳　2—弓齿　3—滚筒　4—绞板　5—风选筒　6—出粮口
7—机架　8—电机　9—风机　10—皮带轮

安全操作注意事项

1. 正确安装

◉脱粒机须安装在平坦、坚实、干燥、运输方便的场地，应避开高压输电线路。

◉场地应有足够的面积堆放作物及脱出物，有防火设施及夜间脱粒用的照明设施。

◉脱粒机喂入口朝迎风方向安装,以便脱出的杂物随风排出。

◉脱粒机的动力设备最好是电动机，也可使用柴油机或拖拉机动力输出皮带轮带动脱粒机工作，但脱粒机与动力机应配套合理，其功率应严格按照使用说明书的规定选用，不得提高脱粒机的额定转速。

2. 作业前检查与调整

◉阅读产品说明书　使用前阅读产品说明书，了解安全操作注意事项。

◉外部总体检查　彻底清理脱粒机外部,检查螺钉是否松动，各零部件是否齐全，有无开焊、裂纹或变形现象。检查喂入口有无安全防护罩，喂入板上有无安全警示标志。传动皮带必须有防护罩壳。

◉试运转检查　脱粒机在额定转速下空转 3 分钟，检查喂入口有无回风现象，同时检查机器有无异常声响和振动。观察各部分的运转状况，是否有碰撞、摩擦和卡滞现象。停机检查，如果轴承温度不烫手，紧固件不松动，方可进行作业。

● **检查与调整脱粒装置** 调节滚筒的转速使其适合所脱的作物。滚筒应转动灵活，无明显的轴向、径向蹿动。检查脱粒齿的固定情况，检查脱粒装置各元件是否磨损。

● **正确调整脱粒间隙** 滚筒与凹板的间隙，主要根据所脱作物的情况而定。以脱得干净为前提，尽量采用大间隙，这样既可得到良好的脱粒质量，又能提高生产率，降低能耗，防止滚筒堵塞。注意，间隙应视作物种类、品种、湿度、成熟度和脱粒质量要求而随时停机调整，以保证机器发挥最佳作业性能。

● **检查清粮装置** 筛架不得有变形、开焊、损坏现象，筛面不得有撕裂和堵塞现象，滑板也应平滑。筛面的倾斜角和风扇挡风板的位置，可根据清粮程度进行调整。

● **检查传动装置** 查看滚筒传动皮带轮的紧固情况，检查滚筒轴承有无损坏，是否运转灵活，各装置有无碰擦现象等。

3. 正确操作

● **选择转速** 脱粒机的速度不宜过快。转速过高不但脱不快反而会出现籽粒破碎严重、机器使用寿命受到影响、不安全因素增加等不利情况。根据产品说明书要求匹配电动机或柴油发动机，并配备好合适的皮带轮，以保证获得适宜的脱粒速度。注意传动方向要正确，风扇传动皮带轮也不能装反，否则会影响籽粒的清洁度。

● **适量、均匀喂入** 脱粒时要把作物抖散并均匀喂入机器，以免石块等硬物进入，打坏机器。喂入量过大会造成滚筒负荷过大，转速降低，脱净率和生产率下降，脱粒质量下降，严重时造成堵塞和机器损坏。喂入量过小，生产率低，有时还会影响脱净率。因此，操作人员要视实际情况，做到手、眼、耳的密切配合，“手”

感作物干湿度，干多喂，湿少喂；“眼”观排草是否通畅，滚筒转速是否正常，出草通畅多喂，不畅少喂；“耳”听机器运转声音是否正常，负荷大、声音低少喂，反之多喂。滚筒出现堵塞时，应立即停机排除。

● 适时调整　所脱的作物条件（如作物品种、成熟度、含水率、草谷比等）差别会很大，所以在使用机器进行脱粒作业过程中，应根据作物品种、成熟度、含水率、草谷比等条件的变化，适时调整机器脱粒转速、脱粒间隙、风扇转速、喂入量等，以保证机器发挥最佳作业性能。

维护与保管

1. 日常维护

● 每日工作前，必须彻底清理机器上各部分残存的泥土、油污、颖壳、碎茎秆及其他附着物。特别要及时清除滚筒板孔眼、抖动板面、筛面、风扇壳以及皮带轮槽、链轮齿沟中的堆积物。

● 检查是否有紧固件松动现象，特别是滚筒、脱粒齿、皮带轮等转动零部件的紧固情况，检查是否有开焊的地方，检查皮带和链条的张紧度，如果过松或过紧应及时调整。

● 对需要润滑的部位，应按时加注润滑油或润滑脂。

2. 保管与保养

脱粒机属季节性机械，使用时间短，存放时间长，所以脱粒机使用后要妥善保管、存放。正确保管，可以延长机器的使用寿命，保证脱粒效率，提高作业质量。脱粒机在保管时应做好以下工作：

● 在长时间的保管中应保持脱粒机的完整性，不丢失零件，预防机件变形、损坏、锈蚀，防止因保管不当发生任何降低机器使用性能的现象。

● 将机器内外尘土、污物清理干净，金属零件表面涂上防锈油，对机架、罩盖等磨去漆皮的地方补刷油漆。所有需要润滑的地方，应全部按要求进行润滑，然后使机器空转一段时间。

● 卸下电动机、传动皮带等附件，将全部链、带擦净，抹上滑石粉，用密封的塑料袋装好，妥善保管。

● 将机器放在干燥、通风，最好有遮盖的地方，用枕木垫起，并用防雨帆布等把机器全部盖起来，以免机器受潮、暴晒和雨淋。

常见故障及排除方法

脱粒机的常见故障及排除方法见表3—1。

表3—1　脱粒机的常见故障及排除方法

故障	原因	排除方法
脱粒不净	1. 滚筒转速低，传动带松 2. 脱粒间隙大 3. 作物湿度大 4. 喂入量大，喂入不均匀	1. 按额定转速操作，张紧传动皮带 2. 根据作物条件适当调节脱粒间隙至最佳状态 3. 适当晾晒 4. 参照额定生产率适量均匀喂入

续表

故障	原因	排除方法
滚筒堵塞及缠草	1. 作物茎秆过湿过长 2. 喂入量过大 3. 有异物进入脱粒室 4. 传动皮带太松，转速低	1. 适当晾晒，茎秆切断喂入 2. 适当喂入 3. 安全操作 4. 调节好传动皮带张紧度，按额定转速作业
滚筒杂音大，风叶、扬谷器有碰撞声	1. 凹板与滚筒间隙过小 2. 有硬物或长纤维进入机器 3. 作物过湿 4. 各旋转部件松动或甩出 5. 轴承损坏或皮带轮风叶等松动 6. 与旋转部件相邻的零部件变形	1. 根据作物条件适当调整 2. 按规程操作 3. 适当晾晒 4. 加强维修 5. 加强维修 6. 加强维修
传动皮带脱落	传动皮带太松或传动皮带轮安装位置不正确	适当张紧皮带，正确安装皮带轮
破碎率高	1. 作物过湿或过干 2. 滚筒转速过高 3. 扬谷器叶片边缘与壳的间隙过小	1. 对过湿的作物适当晾晒，对过干的作物进行潮湿处理 2. 按额定转速操作 3. 间隙调至7~10毫米为宜
籽粒损失多	1. 风量过大，风机转速过高 2. 作物过湿，草裹籽粒过多	1. 适当调整风口，风机按额定转速作业 2. 适当晾晒或适当减少喂入量

续表

故障	原因	排除方法
清理麻烦	1. 与籽粒接触的滑板等表面不清洁、不光滑 2. 风向与筛面位置不对 3. 作物过干，短茎秆多 4. 作物过湿	1. 擦拭干净，保持表面光滑 2. 适当调整风扇出口角度 3. 降低滚筒转速并均匀喂入 4. 适当晾晒
分离筒堵塞	作物过干，且喂入量过大	潮湿处理，适当减少喂入量
籽粒清洁度差	1. 抽风量小 2. 滚筒或风道堵塞 3. 作物过湿 4. 清机作业操作不适当	1. 适当调大风量 2. 排除堵塞 3. 适当晾晒 4. 按规程操作

安全使用十忌

一忌保管不善 每年夏、秋粮收获结束，不再使用脱粒机时，应对脱粒机进行全面保养和检修，将其置于室内保管，不得放在地头、场边，风吹雨淋会使机件锈蚀、损坏，留下安全隐患。

二忌用前不检修 在夏、秋粮收获前，应对脱粒机进行认真检查，检查螺栓是否松动，脱粒、传动部件等是否有问题。如存在不安全因素应及时排除，切不可带“病”运转。

三忌超负荷工作 不论是用电动机还是用柴油机作为动力机，工作时均不能超负荷，以免机器过热，造成危险。

四忌随意移动和安装　脱粒机及其动力机的移动与安装，均应由熟练的操作人员进行，不可盲目动手。移动电动脱粒机时，必须首先关掉电源，绝缘电线不可在地面拖拽，以防磨破绝缘层，造成漏电伤人。柴油机的停机和起动，均应由熟练的操作人员检查安全后再操作。

五忌安全装置不全　脱粒机及其动力机上的安全装置必须齐全。例如，传动皮带上一定要有安全防护罩，电动机一定要有接地线等，以确保人身安全。

六忌临时拼凑操作人员　脱粒机的操作人员都应懂得一些机械操作和安全知识，要有实践经验。切不可在脱粒人手不够时，临时拼凑人员，以免操作不规范而引发事故。

七忌秸秆喂入不均匀　脱粒时，秸秆应均匀喂入且喂入量适当，不可将秸秆成捆喂入，更不能将夹杂的异物与秸秆一起喂入，这样会损坏机件，伤害周围操作人员。手臂绝不能伸进喂入口，以防被高速旋转的纹杆打伤。

八忌人多手杂　脱粒作业的人数要适当，分工协作，各负其责。人过多，不仅浪费人力，也容易引发意想不到的事故。

九忌连续作业时间过长　夏、秋粮收获脱粒时，为了赶时间，往往需日夜奋战。但是，连续作业的时间不宜过长。一般工作5~6小时后，应停机休息一次，并对脱粒机及动力机进行安全检查。这样，既可使人得到休息，又可使机械得到保养，防止事故发生。

十忌用自制或淘汰的脱粒机　有的人为了节省开支，自制脱粒机或使用淘汰报废的旧脱粒机。这类脱粒机安全性能很差，故不能使用，要使用获得推广使用证书的脱粒机。

话题 2　碾米机安全操作

用途

碾米的目的是将糙米表面的米皮（即糠层）全部或部分地除去，使之成为符合食用要求的成品米。碾米机就是为达到这样的目的而制造的机器，它借助米粒间及米粒与碾米部件间的磨削、擦离作用去掉糙米的颖壳和皮层。

分类、结构和工作原理

1. 分类

碾米机按碾白方式可分为擦离式、碾削式和混合式三类，按主要工作部件的结构可分为铁辊碾米机、砂辊碾米机、铁筋砂辊碾米机和喷风碾米机。不同类型的碾米机如图 3—3 所示。

2. 结构及工作原理

碾米机主要由进料控制装置、碾米装置（碾白室）、出料（米糠分离）装置组成。

碾米机的基本原理，即所利用的机械方法，是使米粒在一定的容室（碾白室）内工作部件（如铸铁辊筒或金刚砂辊筒）的旋转作用下将皮层剥离，成为白米后由出料口排出机外。

图 3—3 碾米机

铁辊碾米机（擦离式）是目前农村常用的一种碾米机，如图 3—4 所示，其结构特点是碾白室内的主要工作部件为表面带有凸筋的铸铁辊筒，主要靠米粒与铁辊摩擦、擦离作用剥离皮层。工作时，米粒进入碾白室，在辊筒推筋的作用下，机内的挤压力和摩擦作用逐渐加强，再

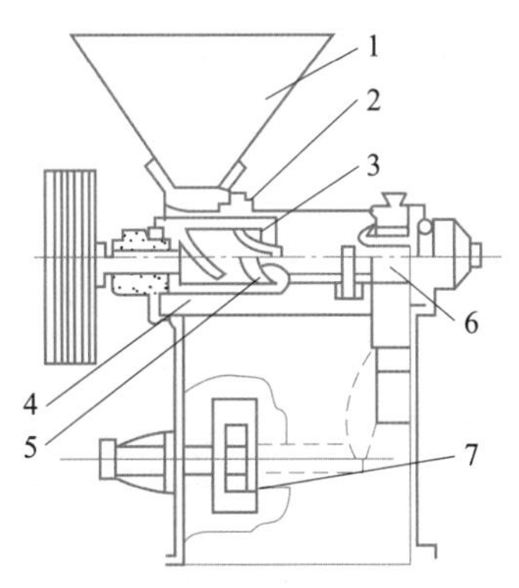

图 3—4 铁辊碾米机结构
1—进料斗 2—进料闸板 3—主轴辊筒
4—筛子 5—米刀 6—出米嘴 7—风扇

加上辊筒碾筋的不断翻滚和推进，靠近辊筒的米粒较远离辊筒的米粒有更高的运动速度，这样米粒与米粒、米粒与工作部件不断地相互摩擦、挤压，使米粒逐渐被碾白。碾白后的米粒在碾筋倾角的推送下由出口排出，碾下的米糠穿过米筛被收集后排出。

另一种常用的碾米机是立式金刚砂辊碾米机（碾削式），如图 3—5 所示，其结构特点是碾白室内的主要工作部件为圆柱形或圆锥形砂辊。工作时，借助金刚砂辊对米粒的碾削作用，同时利用米粒与米粒、米粒与工作部件的摩擦、擦离作用碾去糙米的皮层。

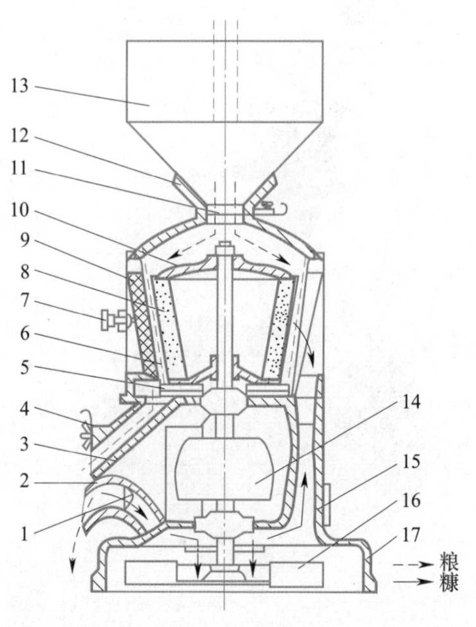

图 3—5　立式金刚砂辊碾米机
1—风量调节板　2—除糠器　3—出米嘴
4—出口闸板　5—排米翅　6—糠筛
7—调节手轮　8—砂辊　9—米刀
10—拨粮翅　11—进料闸板　12—料斗座
13—进料斗　14—传动轮　15—检视孔
16—风扇　17—机座

安装操作与保养

1. 安装

（1）安装场地

一般碾米机安装场地应选择在稻谷运输便利的场院室内，房间面积为 15~20 米^2。有时，也将碾米机与排灌站设置在一起，以便于共同使用一个动力机。有水源的，可以用水轮机直接传动。如果用电动机传动，要考虑将电动机安装在接近电源的地方。若用柴油机或汽油机作为动力机，则碾米机与动力机之间应用墙隔开，以保证操作安全，便于设备维护。碾米机应安装在浇制好的混凝土基础上，为减小振动，底脚基面必须水平，安装高度以方便操作为宜，用地脚螺栓将碾米机与基座固定。碾米机与动力机皮带轮的轴心线必须平行并使两个皮带轮的中心线在同一平面内，以防皮带脱落，其中心距按规定而定。立式金刚砂辊碾米机底平面还应与基座密封，以防漏风，影响除糠效果。

（2）作业前调整

碾米机使用前应进行以下调整：

● 调节铁辊碾米机辊筒转速　辊筒转速的快慢直接影响到碾米机的生产率和出米质量。通常，辊筒直径大，转速要低，反之要高。头道碾米需要较大的压力，转速要慢，第二、三道碾米所需压力小，转速稍快。如果谷粒水分大，转速应慢。另外，有时适当降低速度可以减少动力消耗。

● 调节进、出口闸板开度　进、出口闸板的开度有调节碾米机流量、控制碾米机内部压力的作用，直接影响碾米机的产量、精度、出米率和动力消耗。一般用进口闸板适当控制流量，用出口闸板控制碾米机内部压力，以达到精度要求。

● 调节米刀　米刀与辊筒（砂辊）之间间隙的大小影响碾白效果及碎米率。米刀与辊筒之间的间隙主要根据谷粒的大小进行调节，谷粒大，间隙要调大，反之要调小。米刀调节应与进、出口闸板的调节配合进行，一般先开进口闸板，用出口闸板调节碾白精度，如不能达到要求再调节米刀，然后复查进口闸板开度，看能否再提高流量。一般米刀调节达到要求后，不要随意变动。

● **调节米筛** 米筛与辊筒的间隙与碾米机的结构形式有关，按照不同结构调节到合适的位置。

● **调节风扇风量** 立式砂辊碾米机根据米中含糠量大小，调整风量调节板，调整好后要将风量调节板固定在需要的开度上。

2. 操作与保养

● 开机前，应检查碾米机各连接紧固件是否牢固，各部件技术状态是否良好。传动皮带长度及松紧度要适宜，转动及传动部分应有防护罩装置。打开铁门，检查筛孔、糠道是否畅通。然后关好进口闸板，开放出口闸板，以待开机。

● 碾米前要对糙米进行筛选清理，去除石块、金属等杂物，以减少对砂辊和铰刀的磨损，提高出米精度和生产率。原粮湿度不得过大，高粱、玉米含水量不要超过 15%，谷子含水量不要超过 12%。

● 开机时，操作人员不要站在传动轮的正面，以免发生意外。

● 机器起动后，待运转正常后方可投料作业。先慢慢拉开进口闸板，使粮均匀流入，同时关闭出口闸板，以逐渐增加工作室压力。待压力正常后，再打开并调整进、出口闸板开度，使达到正常的碾米精度和合适的机器承载负荷，然后固定两个闸板。

● 检查排糠情况，调整吸糠嘴挡板和风门位置。若米中含糠较多应加大风速，若糠中含米较多应降低风速。

● 经常清理碾米机出口积糠，保持出口畅通。如果发现细糠内混有米粒和整米时，应立即检查米筛是否破损、漏米，并采取相应措施。如米筛破损，应立即修补或更换。

- 工作中应经常检查皮带及螺钉的紧固情况和轴承温度、润滑情况，发现碾米机运转声音异常时，应立即停机检查，不得强行作业。

- 每天工作完后，对碾米机及配套设施进行一次检查，清扫机器内外的糠粉，检查并紧固各处螺母，发现问题及时处理，确保碾米机经常处于良好状态。

- 碾米机长期停放不用时，应彻底清除碾白室内的积糠，将米筛、米刀取下刷干净，妥善保管。外露加工面要涂上防锈油，以防生锈。传动带应从碾米机上卸下保管。

常见故障及排除方法

碾米机的常见故障及排除方法见表 3—2。

表 3—2　　碾米机的常见故障及排除方法

故障	原因	排除方法
碾米机堵塞	1. 碾白室进异物 2. 皮带松脱，碾米机皮带轮和动力机皮带轮的中心线不在同一平面内 3. 原料湿度大 4. 进料量过大	1. 停机清除 2. 重新对正安装 3. 适当晾晒 4. 参照额定生产率适量喂入

续表

故障	原因	排除方法
机器噪声大，轴承过热	1. 碾白室超负荷 2. 原料湿度大，流动性差 3. 缺少润滑油，轴承磨损严重 4. 电机的功率小于配套的碾米机所需功率	1. 适当减小进口闸板开度 2. 适当晾晒 3. 加注润滑油，更换轴承 4. 更换额定功率大一些的电动机
机器振动大	1. 机座过小 2. 地脚螺栓松动 3. 风扇叶片变形	1. 加大地脚基础 2. 紧固地脚螺栓 3. 校正平衡
碎米过多	1. 原料湿度大 2. 转速过高 3. 出粮口弹簧压力过大或进粮过多导致碾米室内压力增高 4. 出口闸板开度太小	1. 适当晾晒 2. 重新调配合适的转速 3. 降低碾米室内压力和碾压时间 4. 出口闸板开度应大一些
米粒精白不匀	1. 米刀磨损 2. 进料过少或出料口压力过小	1. 在砂轮上磨平再用或更换米刀 2. 适当增大进料
米中含谷多	1. 转速太低 2. 原料湿度大 3. 米刀与辊筒间隙过大 4. 辊筒磨损过大 5. 进、出口闸板调整不适当	1. 重新调配合适的转速 2. 应晒干后再加工 3. 应调小间隙 4. 更换新辊筒 5. 要重新调整
糠中含整米或碎米多	1. 米筛破损 2. 米筛筛孔过大 3. 米筛安装不妥，有间隙	1. 重新更换新米筛 2. 换筛孔小的米筛 3. 重新安装

续表

故障	原因	排除方法
米糠过粗	1. 米筛筛孔磨损过大 2. 原料湿度大	1. 重新更换新米筛 2. 应晒干后再加工
排糠不畅	1. 米筛筛孔过小 2. 米筛与辊筒间隙过大 3. 原料湿度大	1. 重新更换新米筛 2. 将米筛适当上托减少间隙 3. 适当晾晒

话题 3　饲料粉碎机安全操作

用途

饲料粉碎机主要用来将干草、秸秆或谷粒等粉碎成饲料，以利于畜禽的消化和吸收。粉碎后粒度更加细小、更加均匀的饲料有利于后道工序的输送、混合、制粒等加工，此外，还可以提高饲料的利用价值和商品价值。

饲料加工机械在农村中应用广泛，农村中小型养猪场、养猪专业户和副业加工户利用饲料粉碎机粉碎玉米、高粱、麦类、豆类、饼类的精饲料。饲料粉碎机也可将块状的物料，如鲜红薯、土豆、葛根、木薯等打浆制粉，或将牧草、干杂草、地瓜秧、花生秧、玉米秸、干谷秸等粉碎成粗饲料。

粉碎方法及分类

● **粉碎方法** 饲料粉碎方法很多，基本上可分为击碎、磨碎、压碎和劈碎四种。粉碎机的粉碎作用常以一种粉碎方法为主，辅以另一种或两种以上的方法综合进行。

● **分类** 粉碎机的类型种类较多，按粉碎方法不同，可分为锤片式、锤式、爪式粉碎机等；按筛网结构配置不同，可分为有筛式、无筛式、筛网齿板组合式等；按主轴配置形式可分为卧式、立式、单轴、双轴；按产品粒度可分为普通粉碎、微粉碎和超微粉碎。目前农村常用的机型为锤片式和齿爪式粉碎机。不同类型的饲料粉碎机如图 3—6 所示。

图 3—6　饲料粉碎机

结构与工作原理

1. 锤片式饲料粉碎机的结构与工作原理

结构　锤片式饲料粉碎机基本构造包括圆筒筛板、锤片转子、锤片和固定在锤片转子周围的冲击齿板、输送装置、机座等部分，如图 3—7 所示。配套动力机可为电动机或者柴油机。

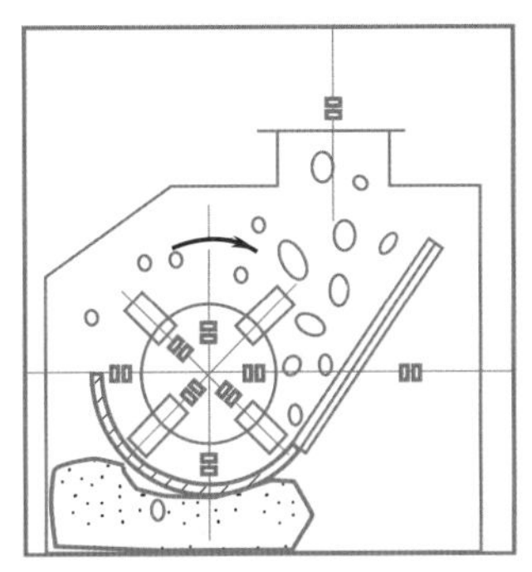

图 3—7　锤片式饲料粉碎机的结构

工作原理　锤片式饲料粉碎机是将物料引入冲击齿板、筛板与旋转锤片之间的空间，利用锤片等对物料的打击和搓擦作用，将物料破碎成小粒，是一种冲击式粉碎设备。工作时，被加工的物料进入粉碎室内，受到高速旋转的锤片的反复冲击、摩擦和齿板的碰撞，从而被逐步粉碎至需要的粒度，然后通过筛孔漏下。

分类　新型锤片式饲料粉碎机有水滴形锤片式粉碎机和立轴锤片式粉碎机。锤片式饲料粉碎机具有占地面积小、粉碎效率高、耗电量小等优点，加工范围广，能粉碎玉米、小麦、豆类、杂粮、秸秆、藤蔓、干鲜薯类、叶壳等粮食及饲料，在农村、饲料工业中得到了广泛的普及应用。常用的有 9F-45 型、9FQ-50 型、9FQ-50B 型等。

2. 齿爪式饲料粉碎机的结构与工作原理

结构　齿爪式饲料粉碎机是一种固定锤式粉碎机，由料斗、定齿盘、动齿盘、筛子、机架等组成，如图 3—8 所示。动齿盘、定齿盘和筛子构成粉碎室，物料的粉碎就在粉碎室完成。

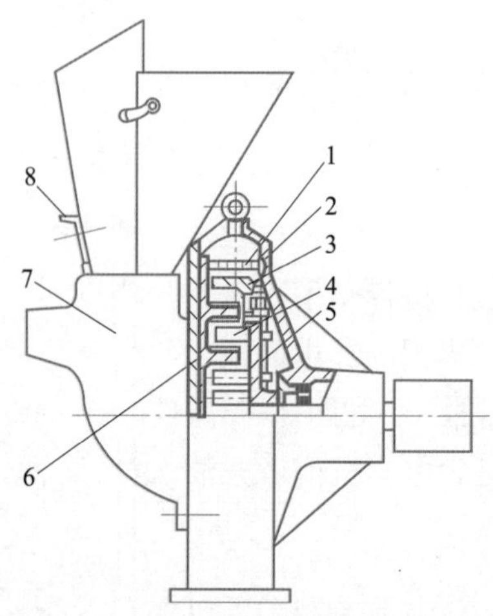

图 3—8　齿爪式饲料粉碎机的结构

1—筛片　2—筛圈　3—扁齿　4—圈齿　5—动齿盘

6—定齿盘　7—喂料活门　8—进料控制闸板

● **工作原理**　齿爪式饲料粉碎机是一种利用高速旋转的齿爪来击碎饲料的机械。工作时，物料由料斗进入粉碎室，受到高速旋转的动齿的撞击，并进入动齿和定齿之间的间隙，又受到摩擦和碰撞的作用。在撞击和摩擦的反复作用下，物料被粉碎，动齿盘旋转时形成的风压，将粉碎物通过筛孔从出料口吹出装袋。这种粉碎机有不同孔径的筛子供选用，以适应粉碎不同物料和粒度的要求。

安全操作注意事项

● 如果粉碎机长期定点作业，应将其固定在水泥基础上。如果经常变动工作地点，粉碎机与电动机要安装在用角铁制作的机座上。如果粉碎机使用柴油机作为动力机，应使两者功率匹配，即柴油机功率略大于粉碎机功率，并使两者的皮带轮槽一致，皮带轮外端面在同一平面上。

● 粉碎机安装后要检查各部件的紧固情况，同时要检查皮带松紧度是否合适，电动机轴和粉碎机轴是否平行。

● 使用电动机作为动力机的，应找专业人员（电工）对线路进行合理布局。用电线路和设施要规范整齐，不得私自安装和凑合使用。

● 粉碎机投入运行 10 天左右时，应打开罩盖，对转子、锤片等运转部件进行检查，对各连接螺栓进行紧固，检查各轴承是否润滑良好，如有卡滞、碰擦现象要及时排除。

● 粉碎机起动前，先用手转动转子，检查一下齿爪、锤片及转子运转是否灵活可靠，壳内有无碰撞现象，转子的旋转方向是否与机盖箭头所指方向一致，动力机及粉碎机润滑是否良好。

● 不要随便更换皮带轮，以防转速过高使粉碎室爆炸，或转速太低影响工作效率。

● 粉碎机起动后先空转 2~3 分钟，无异常后再投料工作。送料要均匀，以防堵塞闷车。不要长时间超负荷工作。若发现有杂音、轴承与机体温度过高、向外喷料等现象，应立即停机检查，排除故障。

● 在作业时要对加工物料进行仔细查看，剔除铁钉、石块、铁丝等硬物，以免造成伤人、损机事故。

● 操作人员不要戴手套，衣服衣袖应扎紧，戴上口罩和工作帽，送料时站在粉碎机加料口一侧，以防反弹出杂物打伤脸部。粉碎长茎秆时手不可抓得过紧，以防手被带入受伤。粉碎机工作时，操作人员不可离开岗位。

● 停机前先停止喂料，再让粉碎机持续运转 1~2 分钟，待机内物料全部被粉碎并排出后再切断电源（或停止柴油机）停机。停机后要清扫，维修保养。

● 清理粉碎室内的梗塞物或调整、改换锤片、筛片和皮带时，必须切断电源（或停止柴油机），等机器中止运转后方可进行，以保证安全。

● 为了防止粉尘爆炸情况发生，粉碎机作业场所应开阔、通风，并备有可靠的防火设备。

● 粉碎机作业 300 小时后，清洗轴承，更换机油。长时间停机时，应卸下皮带。

日常检修三大环节

一般情况下，饲料粉碎机的日常检修主要有三个方面的工作。

1. 修理和更换筛网

筛网是由薄钢板或铁皮冲孔制成。当筛网出现磨损或被异物击穿时，若损坏面积不大，可用铆补或锡焊的方法修复。若大面积损坏，应更换新筛。安装筛网时，应使筛孔带毛刺的一面朝里，光面朝外，筛片和筛架要贴合严密。在安装环筛筛片时，其搭接里层茬口应顺着旋转方向，以防物料在搭接处卡住。

2. 润滑与更换轴承

粉碎机每工作 300 小时后，应清洗轴承。若轴承为机油润滑，加新机油时以充满轴承座空隙 1/3 为宜，最多不超过 1/2，作业前只需将常盖式油杯盖旋紧少许即可。当粉碎机轴承严重磨损或损坏时，应及时更换，并注意加强润滑。如果使用圆锥滚子轴承，应注意检查轴承轴向间隔，使其保持在 0.2~0.4 毫米，如有不适，可通过增减轴承盖处纸垫来调整。

3. 更换齿爪与锤片

● 粉碎部件中，粉碎齿爪及锤片是饲料粉碎机中的易损件，也是影响粉碎质量及生产率的主要部件，粉碎齿爪及锤片磨损后都应及时更换。

● 齿爪式粉碎机更换齿爪时，应先将圆盘拉出。拉出前，先要开圆盘背面的圆螺母锁片，用钩形扳手拧下圆螺母，再用专用拉子将圆盘拉出。为保证转子运转平衡，换齿时应注意成套更换，换后应做静平衡试验，以使粉碎机工作稳定。齿爪装配时一定要将螺母拧紧，并注意不要漏装弹簧垫圈。换齿时应选用合格件，单个齿爪的质量差应不大于 1.5 克。

● 锤片式粉碎机的锤片（图 3—9）有的是对称式，当锤片尖角磨钝后，可反面调角使用。若一端两角都已磨损，则应调头使用。在调角或调头时，全部锤片应同时进行，锤片四角磨损后，应全部更换，并注意每组锤片质量差不得大于 5 克。主轴、圆盘、定位套、销轴、锤片装好后，应做静平衡试验，以保持转子平衡，防止机组振动。此外，由于磨损作用，固定锤片的销轴会逐渐磨细，安装销轴的圆孔会逐渐磨大，当销轴直径比原尺寸缩小 1 毫米，圆孔直径较原尺寸磨大 1

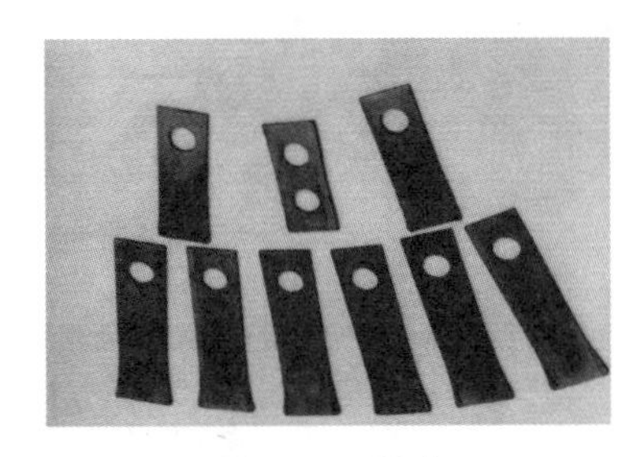

图 3—9　锤片

毫米时，应及时焊修或更换。

常见故障及排除方法

饲料粉碎机的常见故障及排除方法见表 3—3。

表 3—3　饲料粉碎机的常见故障及排除方法

故障	原因	排除方法
工作时效率下降，负荷增大	1. 物料过湿 2. 风管物料堵塞 3. 转速过低 4. 风门开得过大 5. 锤片或齿爪磨损	1. 将物料晒干 2. 清除风管中物料 3. 张紧皮带，保证额定转速 4. 将风门开小点 5. 更换锤片或齿爪
粉料温度过高	1. 筛孔过细 2. 风管堵塞，通风不良 3. 转速低	1. 选择适当孔径的筛片 2. 检查风管是否畅通 3. 保证额定转速
运转时机器振动大	1. 地脚螺栓松动 2. 轴承磨损 3. 机身安装不平 4. 锤片排列位置不对 5. 主轴弯曲 6. 转速过高 7. 粉碎机超负荷	1. 拧紧地脚螺栓 2. 更换轴承 3. 重新安装粉碎机 4. 按要求重新排列锤片 5. 修理或更换主轴 6. 保证额定转速 7. 保证额定负荷
工作中有明显撞击声	1. 硬物落入机内 2. 锤片破碎崩落 3. 筛孔未装平	1. 停机检查，清理异物 2. 停机清理 3. 装平筛子

续表

故障	原因	排除方法
轴承座发热	1. 尘土进入轴承 2. 轴承座不同心 3. 轴承损坏 4. 黄油太多或太少	1. 清洗轴承 2. 重新装配 3. 重新更换轴承 4. 适量加油
转速忽高忽低	加料不均	均匀加料
粉碎的成品过粗	1. 筛板磨损严重 2. 筛板与筛架贴合不严 3. 筛网不平行	1. 修补筛孔或重新更换新筛板 2. 停机检修，使筛板和筛架贴合严密 3. 调整筛网
粉碎的成品粒度不均	1. 筛网网孔尺寸不对 2. 筛网损坏 3. 筛网不平行	1. 更换筛网 2. 更换筛网 3. 调整筛网

话题 4　柴油发电机安全操作

结构与工作原理

柴油发电机属自备电站交流供电设备的一种类型，是一种小型独立的发电设备，系指以柴油为燃料，以柴油机为原动机带动同步交流发电机而发电的动力机械。柴油发电机组属非连续运行发电设备，若连续运行超过 12 小时，其输出功率将低于额定功率约 90%。机体可以固定在基础上使用，也可装在拖车上移动使用。尽管柴油发电机组的功率较低，但其体积小、灵活、轻便、配套齐全，便于操作和维护，所以应用广泛。

1. 基本结构

柴油发电机一般由柴油发动机、发电机、机组控制屏、减震装置、连接盘、机座等部件组成，如图 3—10 所示。

图 3—10　柴油发电机的结构

1—柴油发动机　2—机组控制屏　3—减震装置　4—连接盘
5—发电机　6—机座

（1）柴油发电机分类

- 按冷却系统分风冷、水冷、开式、闭式。
- 按调速方式分机械离心、机械液压、电子调速、电子燃油喷射。
- 按结构分直列式、V 形。

（2）发电机结构及类型

- **结构**　柴油发电机一般采用同步交流发电机。它是用作发电机运行的同步电动机，是一种最常用的交流发电机。同步发电机（此处以无刷四极交流发电机为例）的基本结构如图 3—11 所示，其主要构成有定子、转子、励磁系统、机壳、连接盘、磁极铁芯、磁场线圈、电枢、自动电压调节器等。

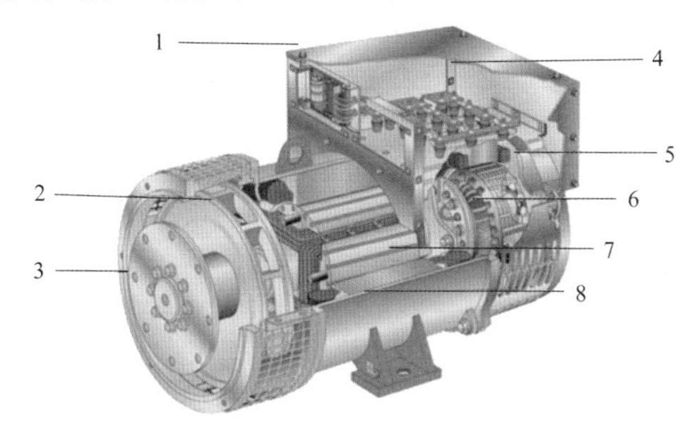

图 3—11 同步发电机的基本结构

1—AVR（自动电压调节器） 2—风扇 3—飞轮连接盘 4—出线端子 5—励磁机 6—整流器 7—转子 8—定子

类型 交流发电机的基本结构形式分为旋转电枢式和旋转磁场式。旋转电枢绕组发出的电能一般采用电刷和滑环来引接，所以不易引接出大电流，并容易产生火花及磨损，只适用于小容量、低电压交流发电机。

一般交流发电机采用旋转磁场式结构。发电机的磁极结构可分为凸极式和隐极式。隐极式转子为圆柱形，与定子间气隙是均匀的，无明显磁极。隐极发电机适用于高速结构，为了增加容量，只能增加转子的长度。凸极式转子有明显的磁极，南、北极相间排列，气隙不均匀，极弧低下气隙小，极间部分气隙大。转子直径受到离心力的影响，有一定限制。凸极发电机适用于中、低转速结构。

2. 工作原理

简而言之，柴油机驱动发电机运转，将柴油的能量转化为电能。

在柴油机汽缸内，经过空气滤清器过滤后的洁净空气与喷油嘴喷射出的高压雾化柴油充分混合，在活塞上行的挤压下，体积缩小，温度迅速升高。当温度达到柴油的燃点时，柴油被点燃，混合气体剧烈燃烧，体积迅速膨胀，推动活塞下行，称为做功。各汽缸按一定顺序依次做功，作用在活塞上的推力经过连杆变成推动曲轴转动的作用力，从而带动曲轴旋转。

将无刷同步交流发电机与柴油机曲轴同轴安装，就可以利用柴油机曲轴的旋转带动发电机的转子，利用电磁感应原理，发电机输出感应电压，经闭合的负载回路产生电流，这是发电机组最基本的工作原理。为了得到可使用的、稳定的电力输出，还需要一系列的柴油机和发电机的控制、保护器件及回路等。

柴油发电机额定参数

同步柴油发电机的主要额定参数有：

额定功率 指柴油发电机组在额定运行情况时所能输出的最大有功功率，单位为千瓦或兆瓦。柴油发电机组的额定功率是指 12 小时可连续运行的功率。

额定电压 指柴油发电机组在正常运行时的线电压，单位为伏或千伏。一般标为 400 伏 / 230 伏，即三相电压为 400 伏，单相电压为 230 伏。

额定电流 指柴油发电机组在额定状态运行时的线电流，单位为安或千安。

额定转速 柴油发电机组为了维持交流电的频率为 50 赫兹时所需要的转速，单位为转 / 分。目前三相发电机组使用较多的转速是 1 500 转 / 分，单相发电机组使用的一般为 3 000 转 / 分。

额定效率 指柴油发电机组在额定状态运行时的效率。

额定频率 国家标准规定工频为 50 赫兹。

额定功率因数 指电动机额定状态运行时的功率因数。三相发电机为 0.8（滞后），单相发电机为 0.9（滞后）和 1.0。

额定温升 运行中柴油发电机组定子绕组和转子绕组允许比环境温度升高的度数。我国规定环境温度以 40℃计算。

柴油发电机组的主用功率和备用功率的区别

在我国，柴油发电机组是用主用功率，即连续功率来标称的，发电机组能够在 24 小时之内连续使用的最大功率为连续功率。在某一时段内，标准是每 12 个小时之内，有 1 个小时可在连续功率的基础上超载 10%，此时的机组功率就是我们平时所说的最大功率，即备用功率。也就是说，如果使用的是主用功率为 400 千瓦的机组，那么 12 个小时之内有 1 个小时可以运行到 440 千瓦。如果使用的是备用功率为 400 千瓦的机组，平时功率都在 400 千瓦，那么该机组一直处于超载状态（因为该机组实际额定功率只有 360 千瓦），这对机组是非常不利的，将会缩短机组的寿命，造成故障率增高。

安全操作注意事项

1. 安全操作规程

● 操作人员必须经专门培训合格后持证上岗。第一次操作前必须仔细阅读使用说明书，全面了解发电机组及附属设备的构造、性能和作用，熟悉操作和维护保养规程。

● 起动柴油发电机组前应先检查柴油机的燃油、机油、冷却水是否适量，不足的应及时补充。机组应无漏油、漏水现象。使用蓄电池的，要检查电解液是否充足。

● 起动时，有离合器的要将离合器分离。

● 有预热装置的柴油机，起动前要将预热塞打开，先预热40~50 秒。寒冷地区寒冷季节，应该重复预热 2~3 次后起动。

● 柴油机发动后，应该怠速运转 3~5 分钟，不可猛轰油门，特别是有涡轮增压器的柴油机，以防因为润滑不足而损坏涡轮增压器。

● 柴油机发动后，要检查机油压力是否在规定的范围内，电流表是否显示已经充电，机器有无异常。检查正常后，方可以加载作业。

● 发电作业过程中，要注意听机械各个部位声响，发现异常时，应该查明原因，排除故障。

● 认真检查柴油发电机各部分接线是否正确，各连接部分是否牢靠，电刷是否正常，压力是否符合要求，接地线是否良好。

● 起动前将励磁变阻器的阻值放在最大位置上，断开输出开关，有离合器的发电机组应脱开离合器。应使柴油机空载起动，运转平稳后再起动发电机。

● 柴油发电机开始运转后，应随时注意有无机械杂音、异常振动等情况。确认情况正常后，调整发电机至额定转速，并将电压调到额定值，然后合上输出开关，向外供电。负荷应逐步增大，力求三相平衡。

● 柴油发电机并联运行时，必须满足频率相同、电压相同、相位相同、相序相同的条件。

● 准备并联运行的柴油发电机必须都已进入正常稳定运转状态。

● 接到“准备并联”的信号后，以整部装置为准，调整柴油机转速，在同步瞬间合闸。

● 并联运行的柴油发电机应合理调整负荷，均衡分配各发电机的有功功率及无功功率。有功功率通过柴油机油门来调节，无功功率通过励磁来调节。

● 对于运行中的柴油发电机，应密切注意发动机声音，观察各种仪表指示是否在正常范围之内。检查运转部分是否正常，发电机温升是否过高，并做好运行记录。

● 严禁带负荷停机。停机时，先减负荷，将励磁变阻器复位，使电压降到最小值，然后按顺序切断开关。卸载后空载运转 1~2 分钟并要求怠速 3~5 分钟，主要是让润滑油带走燃烧室、轴承、油封等处的热量，特别是增压器，如果忽然停车，轴承和油封咬死的可能性很大。

● 移动式柴油发电机，使用前必须将底架停放在平稳的基础上，运转时不准移动。

● 柴油发电机在运转时，即使未加励磁，也应认为带有电压。禁止在旋转着的发电机的引出线上工作及用手触及转子或进行清扫。不得使用帆布等物遮盖运转中的柴油发电机。

● 柴油发电机经检修后必须仔细检查转子及定子槽间有无工具、材料及其他杂物，以免运转时损坏发电机。

● 机房内一切电气设备必须可靠接地。

● 机房内禁止堆放杂物和易燃、易爆物品，除值班人员外，未经许可禁止其他人员进入。

● 机房内应设有必要的消防器材，发生火灾事故时应立即停止送电，关闭发电机，并用二氧化碳或四氯化碳灭火器扑救。

● 必须按时清洗滤清器和更换各种润滑油，发电作业运行后应做例行保养。

2. 注意事项

日常使用中，一些错误的操作方式会缩短柴油发电机的使用寿命。为避免柴油发电机遭受损害，以下事项必须认真加以注意。

● 尽可能长时间地让发电机组在 75% 的负荷范围下工作　避免柴油发电机组长时间怠速运转或在最大功率下工作超过 5 分钟。

● 保养或维修时要挂安全警示牌　在保养或进行发电机组维修之前，应在起动开关或操作杆上悬挂“不准操作”或类似的警告标牌。将发电机组控制屏的紧急停机按钮按下，发电机输出开关应在 OFF（关断）位置。不允许未经许可的人员靠近发动机。

● 机油不足时不能运转　机油供给不足会造成各摩擦副表面供油不足，导致异常磨损或烧伤。为此，柴油发电机起步前和柴油机运转过程中要保证机油充足，防止由于缺油而引起拉缸、烧瓦故障。

● 不许带负荷停机或突然卸除负荷后立刻停机　柴油发电机熄火后冷却水停止循环，散热能力急剧降低，受热件失去冷却作用，易造成汽缸盖、汽缸套、汽缸体等机件过热，产生裂纹或使活塞过度膨胀卡死在缸套内。另外，柴油发电机停机时未经怠速降温，会使摩擦面含油不足，当柴油机再次起动时会因润滑不良而加剧磨损。因此，柴油发电机熄火前应卸除负荷，并逐渐降低转速，空载运转几分钟。

●禁止起动后未暖机就带负荷运转　柴油发电机冷机起动时，由于机油黏度大、流动性差，机油泵供油不足，机器摩擦面因缺油而润滑不良，易造成急剧磨损，甚至发生拉缸、烧瓦等故障。因此，柴油机冷却起动后应怠速运转升温，待机油温度达到40℃以上时再带负荷运转。

●不能在冷却水量不足或冷却水、机油温度过高的情况下运转　柴油发电机冷却水量不足会降低其冷却效果，柴油机如果得不到有效的冷却将会过热。冷却水、机油的油温过高也会引起柴油机过热，造成柴油机零部件（如缸套等）的机械性能，如强度、韧性等急剧下降，加速机件磨损。过热还会恶化柴油机燃烧过程，使喷油器工作失常，雾化不良，积炭增多。

●不能超负荷运行　柴油发电机经常超负荷运转，造成柴油机汽缸内长时间的燃烧粗暴，容易损坏汽缸垫。

●不许在机油压力过低的情况下运转　机油压力过低，则润滑系不能正常进行机油循环和压力润滑，各润滑部位将得不到充足的机油。因此，在柴油发电机运行时，要注意观察机油压力表或机油压力指示灯情况。若发现机油压力低于规定压力时，要立即停机，排除故障后再继续运行。

●不能在温度过高时突然加冷却水　若在柴油机缺水过热的情况下突然加冷却水，会使缸盖、缸套、缸体等因冷热剧烈变化而产生裂纹。因此，柴油发电机温度过高时应先卸除负荷，稍微提高转速，待水温下降后将柴油机熄火，再拧松水散热器盖，排除水蒸气。

●在冬季不能采用不当的起动方法　在冬季，有的操作人员为能够快速起动柴油发电机组，常采用无水起动（先起动，后加冷却水）的非正常起动方法。这种做法会对机器造成严重损害，应禁止使用。正确的预热方法是先将保温被罩在水箱上，打开放水阀，向水箱内连续注入60~70℃的清洁软水，用手触摸放水阀流出的水，有烫手感觉时，关闭放水阀，向水箱注入90~100℃的清洁软水，并摇转曲轴，使各运动件预先得到适当润滑，然后再行起动。

常规保养

润滑系统 更换机油滤芯，更换机油。柴油发电机组在运行60小时后需更换机油，清洗柴油滤清器、空气滤清器。

进、排气系统 清洗或更换空气滤芯，检查进、排气系统是否泄漏，调整气门间隙，清洗曲轴箱呼吸器。

燃油系统 排除燃油箱底部杂质，清洗或更换柴油粗滤芯，更换柴油细滤芯，检查燃油管路是否泄漏，测试手动油泵。寒冷季节应打开水加热开关，使机组保持一定温度，确保柴油发电机组能正常使用。

冷却系统 检查风扇和散热芯片、节温器，调整或更换风扇皮带，清洗散热器水箱及发动机水道，更换冷却液。寒冷季节应打开油加热开关，使机组保持一定温度，确保柴油发电机组能正常使用。

电气部分 检查起动马达、输出开关、起动旋钮、紧急停车继电器、充电发电机、市电充电器、起动电池、速度传感器以及发动机控制线路的松紧程度，对发电机定子、转子除尘，检查励磁系统状态。

- 应经常检查电瓶的电解液，不足时应及时补充。
- 应经常检查皮带松紧情况，调节张紧机构，保持张紧状态。
- 按随机说明书要求进行其他例行保养。

专家咨询

柴油发电机组的技术问答

◆怎样鉴别伪劣假冒国产柴油机?

答：先查有无出厂合格证和产品证明书，它们是柴油机出厂的“身份证明”，是必须有的。再查证明书上的三大编号：铭牌编号、机体编号（实物上一般在飞轮端机械切削加工过的平面上，字体为凸体）、油泵铭牌编号。将这三大编号与柴油机上的实际编号核对，必须准确无误。如发现有疑点可将这三大编号报制造厂核实。

◆操作电工接手柴油发电机组后，首先要核实哪三条?

答：（1）核实机组的真实有用功率，然后确定经济功率及备用功率。核定机组真实有用功率的方法：柴油机12小时额定功率乘以0.9得出一个数据（千瓦），若发电机额定功率小于或等于该数据，则以发电机额定功率为该机组真实有用功率，若发电机额定功

率大于该数据，则必须用该数据作为机组的真实有用功率。

（2）核实机组带有哪几种自动保护功能。

（3）核实机组的电力接线是否合格，保护接地是否可靠，三相负荷是否基本平衡。

◆三相发电机的功率因数是多少？为提高功数因素可以加功率补偿器吗？

答：功率因数为0.8。不可以加功率补偿器，因为电容器的充放电会导致小电源的波动及机组振荡。

◆为什么机组每运行200小时后，要进行所有紧固件的紧固工作？

答：柴油发电机组属振动工作器，而且很多国内生产或组装的机组在应该用双螺母时没有用双螺母，在应该用弹簧垫片时不用弹簧垫片。一旦紧固件松懈，会产生很大的接触电阻，导致机组运行不正常。

◆为什么发电机房必须保证清洁、地面无浮沙？

答：柴油机若吸入脏空气会使功率下降。发电机若吸入沙粒等杂质会使定、转子之间的绝缘破坏，重者导致烧毁。

◆对中性点不接地机组，使用时应注意

什么问题？

答：零线可能带电，因为火线与中性点之间的电容电压无法消除。操作人员必须视零线为带电体，不能按市电习惯处理。

◆所有的柴油发电机组均带有自保护功能吗？

答：不是。目前市场上甚至相同品牌的机组中有的带自保护功能，有的不带。购买机组时用户必须自己弄清楚。最好写成书面材料作为合同附件。一般低价机均不带自保护功能。

◆发电机组的最佳使用功率（经济功率）如何计算？

答：$P_{最佳}=3/4\times P_{额定}$（即0.75倍额定功率）。

◆国家规定一般发电机组的引擎功率应比发电机功率大多少？

答：10%。

◆有的发电机组引擎功率用马力表示，马力与国际单位千瓦之间如何换算？

答：1马力=0.735千瓦，1千瓦=1.36马力。

◆视在功率、有功功率、额定功率、最大功率、经济功率之间有什么关系？

答：（1）视在功率的单位为千伏安，我国习惯用于表达变压器的容量。

（2）有功功率为视在功率的0.8倍，单位是千瓦，我国习惯用于发电设备和用电设备。

（3）柴油发电机组的额定功率是指12小时可连续运行的功率。

（4）最大功率是额定功率的1.1倍，但12小时内仅容许使用1小时。

（5）经济功率是额定功率的0.75倍，是柴油发电机组不受时间限制可长期运行的输出功率。在该功率运行时，燃油最省，故障率最低。

◆为什么不允许柴油发电机组在低于额定功率50%的情况下长期运行？

答：机油消耗加大，柴油机容易结炭，故障率增大，大修周期缩短。

◆发电机运行时的实际输出功率以功率表为准还是以电流表为准？

答：以电流表为准，功率表仅作参考。

◆ 一台发电机组的频率、电压均不稳定，其问题在于发动机还是发电机？

答：在于发动机。

◆发电机失磁是怎么回事，应怎么处理？

答：发电机长时间不用，导致出厂前含在铁芯中的剩磁消失，励磁线圈无法建立应有的磁场，这时发动机运转正常但无法发电，此类现象在新机或长期不用的机组中较多。

处理方法：①有励磁按钮的按一下励磁按钮；②无励磁按钮的，用电瓶对其充磁；③带一个灯泡负荷，超速运转几秒钟。

◆无刷发电机的主要优点是什么？

答：①免去碳刷的维护保养；②抗无线电干扰；③减少失磁故障。

◆所谓三相四线制是什么？

答：发电机组输出线有 4 根，其中 3 根为火线，1 根为零线。火线与火线之间电压为 380 伏，火线与零线之间为 220 伏。

◆有一台发电机组带负荷后其电压、频率均稳定，但电流不稳定，其问题在哪里？

答：问题在于负荷的不稳定，发电机质量没有问题。

话题 5 电动机安全操作

结构与工作原理

电动机（图 3—12）俗称马达，是一种将电能转化成机械能，并可使用机械能产生动能，用来驱动其他装置的电气设备。按其功能可分为驱动电动机和控制电动机；按电能种类分为直流电动机和交流电动机；从电动机的转速和电网电源频率之间的关系来分类，可分为同步电动机和异步电动机；按电源相数来分类，可分为单相电动机和三相电动机。在农业生产中广泛运用的是三相交流异步电动机和单相交流异步电动机，下面主要介绍农村常用的这两种类型。

图 3—12 电动机

1. 三相交流异步电动机的基本结构和工作原理

基本结构 三相异步电动机主要由定子和转子及端盖、风扇、罩壳、机座、接线盒等构成，定子是静止不动的部分，转子是旋转部分，在定子与转子之间有一定的气隙。

定子由铁芯、绕组与机座三部分组成。转子由铁芯与绕组组成，转子绕组有鼠笼式和线绕式。鼠笼式转子是在转子铁芯槽里插入铜条，再将全部铜条两端焊在两个铜端环上而组成。线绕式转子绕组与定子绕组一样，由线圈组成绕组放入转子铁芯槽里。鼠笼式与线绕式两种电动机虽然结构不一样，但工作原理是一样的。三相鼠笼式电动机的结构如图 3—13 所示。

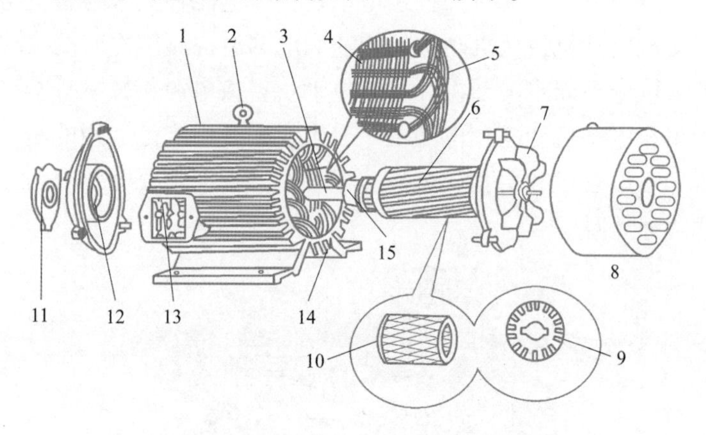

图 3—13　三相鼠笼式电动机的结构

1—散热筋　2—吊环　3—转轴　4—定子铁芯　5—定子绕组　6—转子　7—风扇　8—罩壳　9—转子铁芯　10—鼠笼绕组　11—轴承盖　12—端盖　13—接线盒　14—机座　15—轴承

工作原理 定子三相绕组通入三相交流电即可产生旋转磁场。当三相电流随时间不断地变化时，所建立的合成磁场也不断地在空间旋转。旋转磁场的旋转方向与三相电流的相序一致，任意调换两根电源进线，则旋转磁场反转。

2. 单相交流异步电动机的基本结构和工作原理

基本结构　相对于380伏三相电机而言，有些电机只需要220伏的单相电压，这类电机俗称单相电机。单相电机主要是小功率的电机。单相异步电动机是由单相交流电源供电的异步电动机，具有结构简单、成本低、工作可靠、振动和噪声小、维修方便等一系列优点。

单相交流异步电动机的结构由固定部分—定子、转动部分—转子、支撑部分—端盖和轴承、接线盒、铭牌等部分组成，如图3—14所示。

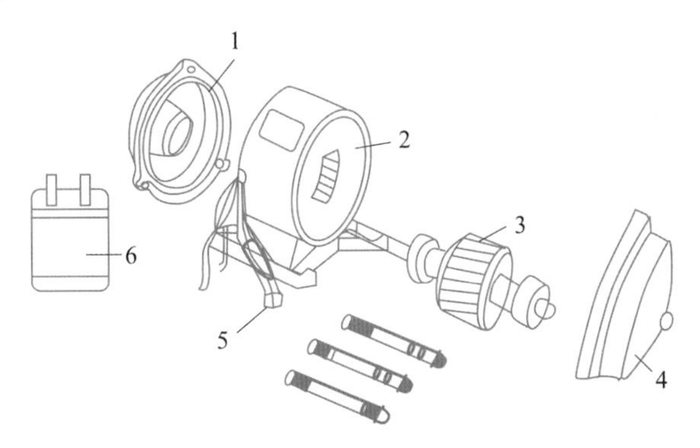

图3—14　单相异步电动机结构

1、4—端盖　2—定子　3—转子　5—电源接线　6—电容器

工作原理　单相交流电动机和三相交流电动机的电磁规律一样，但工作原理不同。电动机旋转的条件是转子导体电流能与气隙磁场相互作用，使转子导体能受到电磁力的作用而转动起来，其转向与气隙磁场的旋转方向相同。三相交流电动机的绕组在空间互差120℃，三相磁势和电势大小相等相位上互差120℃，气隙磁场为旋转磁场。而单相电动机定子上有两个绕组，一个是工作绕组，一个是起动绕组，两个绕组在空间互差90℃，其定子磁势为脉动磁势，产生两个正反向的磁场，合成电磁转矩为零，电动

机不能自己起动。为了使单相异步电动机能产生起动转矩，就必须设法使得起动时电动机内部能够产生一个旋转磁势。常用的方法有分相起动和罩极起动两种，分相起动即电容起动电动机。

● **类型** 单相交流异步电动机有多种类型，按工作原理和起动方式的不同，可分为分相式和罩极式两类。分相式异步电动机又可分为单相电阻起动异步电动机、单相电容起动异步电动机、单相电容运转异步电动机、单相电容起动及运转异步电动机（单相双值电容异步电动机）。罩极式异步电动机可分为单相凸极式罩极异步电动机和单相隐极式罩极异步电动机。

安全操作注意事项

1. 起动前的准备与检查

为了避免异步电动机在起动时发生故障，在电动机投入运行前应做如下检查：

● 新安装的或停用三个月以上的电动机使用前应进行绝缘电阻测量，电压在 1 千伏以下，容量在 1 000 千瓦以下的电动机测得的绝缘电阻值应不低于 0.5 兆欧（用 500 伏兆欧表测）。

● 检查电动机的接地（或接零）线是否良好，导线截面是否符合要求。

● 检查电动机的螺钉是否松动，轴承是否缺油。

● 根据电动机铭牌标志，检查所接的电源电压是否相符，电动机绕组的接线方式是否正确。如果是降压起动，还要检查起动设备的接线是否正确。

● 用手扳动电动机转子和所带动的机械转轴，看是否灵活，有无卡滞、摩擦和扫膛现象。

● 检查传动装置，看皮带是否过紧或过松，有无断裂，联轴器连接是否完好。

● 检查控制装置的容量是否合适，熔断器的额定电流是否符合电动机的额定电流规定，装接要牢固。

● 检查电源电压是否正常，电压的波动范围在 ±5% 以内时，才允许起动。

2. 起动操作注意事项

● 电动机在起动时应注意查看电动机附近是否有人或其他杂物，以免造成人身伤害或机械事故。

● 接通电源后，若发现电动机不能转动或起动很慢，声音及传动机械不正常等情况，应立即断电检查。

● 起动多台电动机时，应从大到小依次起动，不能同时起动，以免起动电流过大造成线路电压降低，引起跳闸。若故障跳闸，应立即排除，不得强行起动。

● 电动机应避免频繁起动，尽量减少起动次数（特殊用途除外）。

3. 运转时的注意事项

● 电动机在运转中，操作人员不准离开工作岗位，并应注意倾听电动机有无异常声音。

● 用电笔检查电动机和起动设备有无漏电现象。

● 检查轴承润滑和温升是否正常。如发现温升异常，应立即停车检查。

● 电动机在正常运转中遇到突然停电时，应立即断开电源开关，并将起动设备开关扳到零位。

● 在运行中不准进行修理工作。电动机不准超负荷使用。运行中不准移动电动机，不准带电更换熔断丝。

如何实现异步电动机的正反转

1. 三相交流异步电动机的正反转

由三相交流异步电动机的工作原理可知，把接入电动机的三相电源线中的任意两相对换一下，就可实现电动机的反转。

2. 单相交流异步电动机的正反转

实际应用中，单相异步电动机有 3 种引线方式，对应不同的方式来实现反转。

● **4 个抽头的引线方式**　主绕组和副绕组分别引出接线头。在这种情况下，只要将主绕组或副绕组中的任意一副反接就可以实现反转（任意一副反接可实现反转，两副同时反接仍为正转）。

● **3 个抽头的引线方式**　它的电容是外置的，在电动机内部已经将主绕组和副绕组的一端并联。假设公共端为 1，接电源，2、3 分别是主、副绕组的一端。如果电容串接在 2 是正转，则电容串接在 3 为反转（这种电动机的主副绕组是对称的，匝数、线径是一样的）。

● **2 个抽头的引线方式**　这种电动机不能实现正反转互换。

三相异步电动机的 Y—△接线柱接法

三相电动机的三相定子绕组每相绕组都有两个引出线头。一头叫作首端，另一头叫末端。规定第一相绕组首端用 D_1 表示，末端用 D_4 表示；第二相绕组首端用 D_2 表示，末端用 D_5 表示；第三相绕组首、末端分别用 D_3 和 D_6 来表示。这六个引出线头引入接线盒的接线柱上，接线柱相应地标出 D_1~D_6 的标记，如图 3—15 所示。三相定子绕组的六根端头可将三相定子绕组接成星形或三角形。星形（Y）接法是将三相绕组的末端并联起来，即将 D_4、D_5、D_6 三个接线柱用铜片连接在一起，而将三相绕组首端分别接入三相交流电源，即将 D_1、D_2、D_3 分别接入 A、B、C 相电源，如图 3—15a 所示。而三角形（△）接法则是将第一相绕组的首端 D_1 与第

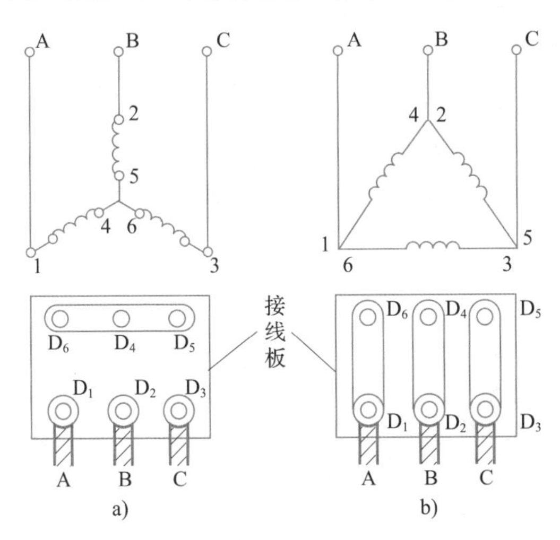

图 3—15　三相异步电动机的 Y—△接线柱接法
a）星形（Y）接法　b）三角形（△）接法

三相绕组的末端 D_6 相连接，再接入第一相电源；第二相绕组的首端 D_2 与第一相绕组的末端 D_4 相连接，再接入第二相电源；第三相绕组的首端 D_3 与第二相绕组的末端 D_5 相连接，再接入第三相电源。即在接线板上将接线柱 D_1 和 D_6、D_2 和 D_4、D_3 和 D_5 分别用铜片连接起来，再分别接入三相电源，如图 3—15b 所示。一台电动机是接成星形还是接成三角形，应视厂家规定而进行，可以从电动机铭牌上查到。接线时应仔细，不能接错。

常见故障及原因

电动机常见故障及原因分析见表 3—4。

表 3—4　　电动机常见故障及原因

故障现象	故障原因
三相交流异步电动机不能起动	电源未接通、熔丝熔断、定子或转子绕组断路、定子绕组接地、定子绕组相间短路、定子绕组接线错误、过载或传动机械被轧住、转子铜条松动、控制设备接线错误或损坏、过电流继电器调得太小、老式起动开关油杯缺油、绕线式转子电动机起动操作错误、绕线式转子电动机转子电阻配备不当、轴承损坏或轴承中无润滑油，转轴因发热膨胀在轴承中回转困难
电动机带负载运行时转速缓慢	电源电压过低、鼠笼转子断条、线圈或线圈组有短路点、线圈或线圈组有接反处、绕组反接、过载、绕线式转子一相断路、绕线式转子电动机起动变阻器接触不良、电刷与滑环接触不良
电动机运转时声音不正常	定子与转子相擦、转子风叶碰壳、转子擦绝缘纸、轴承缺油、电动机内有杂物、电动机二相运转且有“嗡嗡”声

续表

故障现象	故障原因
电动机外壳带电	电源线与接地线搞错、电动机绕组受潮且绝缘老化使绝缘性能降低、引出线与接线盒碰壳、局部绕组绝缘损坏使导线碰壳、铁芯松弛刺伤导线、接地线失灵、接线板损坏或表面油污过多
绕组式转子滑环火花过大	滑环表面脏污、电刷压力过小、电刷在刷内轧住、电刷偏离中性线位置
电动机温升过高或冒烟	电源电压过高或过低、负荷过载、电动机单相运行、定子绕组接地、轴承损坏或轴承太紧、定子绕组匝间或相间短路、环境温度过高、电动机风道不畅或风扇损坏
电动机空载或负载运行时电流表指针来回摆动	鼠笼式转子断条、绕组式转子一相断路、绕线式转子电动机的一相电刷接触不良、绕线式转子电动机的滑环短路装置接触不良
电动机振动	转子不平衡、轴头弯曲、皮带盘不平衡、皮带盘轴孔偏心、固定电动机的地脚螺丝松动、固定电动机的基础不牢或不平
电动机轴承过热	轴承损坏、润滑油过多、润滑油过少或油质不良、轴承与轴配合过松走内圆或过紧、轴承与端盖配合过松走外围或过紧、滑动轴承油环转动缓慢、电动机两侧端盖或轴承盖未装平、皮带过紧、联轴器装得不好或未正确安装

第四讲

农机维护保养与安全隐患消除

话题1　农机保养基本要求与做法

为什么要对农机进行维修保养

农业机械是一种技术含量高、结构相对复杂的专门化生产工具。在使用过程中，由于自然和人为因素的作用，某些零部件会因污染、松动、工作失调等原因降低或完全丧失工作能力，也会由于正常磨损而引起使用性能下降，影响正常使用。同时，润滑油、冷却水也会随使用时间的增长而逐渐减少和变质。如不及时对零部件等进行检查、调整、紧固、更换、清洗、添加等技术措施，机器正常工作条件就会遭到破坏，某些零部件正常工作能力也将难以恢复，进而降低其可靠性，缩短使用寿命。

农机维修保养基本要求

农机的维修保养大致可分两部分内容：一是技术保养，二是修理，如机具主要部件的修复或换件以及使用到一定期限后进行的中、大修及检测调整等。

1. 技术保养

农机的技术保养是在使用过程中对机具的合理保管、日常检修、定期维护保养及正确的操作使用。技术保养要按照“防重于治、养重于修”的原则，切实执行技术保养规程。

（1）确定动力机械保养周期

燃油动力机械要按主燃油消耗量确定保养周期，按时、按号、按项、按技术要求进行保养，确保机具处于完好的技术状态。具体要求是做到“四不漏”“五净”“六封闭”。

- **四不漏**　不漏油、不漏水、不漏气、不漏电。
- **五净**　油、水、气、机器、工具干净。
- **六封闭**　柴油箱口、汽油箱口、机油加注口、机油检视口、汽化器、磁电机封闭。

（2）配套机具要实行常年修理

做到“三灵活”“五不”“一完好”。

- **三灵活**　操作、转动、升降灵活。
- **五不**　不晃、不钝、不变形、不锈蚀、不缺件。

●一完好　技术状态完好。

2. 修理

修理是对机具损坏的主要部件的修复或更换以及使用到一定期限后进行的中、大修及检测调整等。根据作业需要，应对农机的技术状态进行定期检查，保证及时修理。小型拖拉机可实行定期检测、按需修理的办法。拖拉机、农用车动力内燃机大修时，应到有大修资质的农机修配厂（点）由专业人员维修，以保证大修机车达到质量验收标准规定的功率、耗油率等技术经济指标，并实行“三包”。

农机保养应做到“五防”

由于农业机械使用的季节性和本身工作的局限性，一种农机具一年内只能在一季或两季的时间里完成一种或几种作业（常年运输除外），工作时间较少，停放保管的时间较长。为了延长农机具使用寿命，存放期应做到“五防”。

1. 防锈蚀

●农业机械在田间作业完毕后，必须清除外部泥垢，清理工作机构内的种子、化肥、农药和作物残株，必要时用水或油清洗。

●清洗各润滑部位，并重新进行润滑，对有摩擦工作面的机件（犁铧、犁壁、开沟器、锄铲等），必须擦净后涂机油，最好贴纸，以减少与空气接触的机会。

●复杂精密的机具最好放在阴凉、干燥、通风的室内保管。对犁、耙、镇压器等简单机具，可以露天保管，但要放在地势较高、干燥、不受阳光直射的地方，最好能搭棚遮阴。凡与地面直接接触的零件，应用木板或砖支起。脱落的防护漆要重新涂好。

2. 防腐蚀和霉烂

● 木质的零部件受微生物的作用以及雨淋、风吹、日晒，容易腐蚀、破裂和变形。有效的保管方法是在木料外表涂上油漆，置于干燥的地方，不要受到日晒、雨淋。

● 纺织品类（帆布输送带等）存放不当易霉烂。这类制品不

应露天放置，应该拆下清洗，晒干后存放在室内干燥且能防虫、防鼠害的地方。

3. 防老化

橡胶或塑料制品由于受空气中氧气和阳光中紫外线的作用，易老化变质，使橡胶件弹性变差，易折断。对橡胶件的保管，最好用热的石蜡油涂在橡胶表面，并将其放在室内的架子上，用纸盖好，保持通风、干燥及不受阳光直射。

4. 防变形

弹簧、传动带、长刀杆、轮胎等零部件由于长期受力或放置不当会产生塑性变形，为此，应在机架下面加以适当的支撑，使轮胎不承受负载。机械上所有压紧或拉开的弹簧必须放松。传动带应拆下并在室内妥善保管，有些易变形零件拆下后要放平或垂直挂起。拆下的零件（轮胎、输种管等）在保管时要防止挤压，以免变形。

5. 防丢失

对长期停放的机具应建立登记卡，详细记载机具的技术状态、附属装置、备件、工具等。各种机具应有专人保管。严禁拆卸零件作为他用。若没有库房，机具在室外停放时，则应将电动机、传动带等易丢件拆下来并做好标记，存放在室内。

农机保养要“五净”

燃油净 目前大部分农业机械的发动机都是柴油机，因此，柴油的净化工作很重要。柴油净化有三种方法。首先是把购回来的柴油静置沉淀 96 小时以上，其次是在加油时将漏斗加滤网，再加一层绸布。最后从油桶取油时，过滤器外加包一层绸布或打字机蜡纸，并应定期清洗或更换。

● 润滑油净 要经常注意使用洁净的符合标准的润滑油。机油过滤器的过滤芯要定期清洗，转子式的过滤器在转子内壁贴一层宽窄、长短合适的牛皮纸，便于在离心作用下吸附污垢。清洗吸附在滤芯上的污物时，最好用打气筒充气，从内向外吹气，用毛刷刷洗，绝不要用手抹。润滑油要用洁净的钙基润滑脂，勿随便乱注其他润滑油。

● 空气净 发动机运转时，汽缸每分钟吸入空气 2~4 米^3。为了保证进入汽缸的空气干净，必须对空气滤清器加强检查，定期清洗。

● 冷却水净 发动机冷却水最好用软水，即雪、雨水或经处理的自来水及洁净的井水等，冷却系统清洗时按一定比例加 1% 的烧碱和 0.5% 的煤油。

● 机具净 农机作业大多在野外、露天，经常和灰尘、泥沙、水接触，机体最易脏污。因此，要经常擦洗，使机身不生锈，必要时补漆，以防锈蚀。

话题 2 插秧机维护保养

水稻插秧机是将水稻秧苗栽植在水田中的一种种植机械，可提高插秧的工效和栽插质量，实现合理密植，有利于后续作业的机械化。各种插秧机栽插部分的组成基本相同，机动插秧机由秧箱、分插秧机构、机架和浮板（船板）、发动机、行走装置、送秧机构等部分组成。

认真阅读随机的使用维护手册，搞好维护保养，可以延长机器的使用寿命，保持良好的技术状态，减少故障，确保适时插秧。

插秧作业期中保养

1. 当天作业后的保养

● 清洗除污　转动部件如有杂物应予清除，用高压清洗机冲洗机件各处的污泥，除去缠在秧爪、秧针、轮子等处的杂草。冲洗中应防止水进入空气滤清器。乘坐式插秧机也要防止水进入电动机、电瓶等部位。清洗后用布擦去各部位的水，空转 2~3 分钟（包括乘坐式）方可停车。

● 保养注油　清扫、清洗完后，各运转活动部位应涂上润滑油，特别是秧针、轨道等处。各注油处要充分注油，新机油的更换应在热机运转结束后机油放净时进行，注入 30 号发动机机油，机油油面在油位计不拧紧的状态下处于上、下刻度线之间。齿轮箱、侧支架、驱动轮箱等处要补充齿轮油。燃油滤清器、过滤器、空气滤清器等处要清理或清洗。

2. 当天作业后的检查调整

清洗好机具后，检查各运动机构运转是否灵活，是否松动。特别要检查插植曲柄与插植轴是否松动，若有松动，应将锁销大头敲紧，并拧紧螺母。检查各离合器拉线动作是否灵敏，不灵敏应调整并加注润滑油。检查发动机和齿轮箱机油是否足够，不够应添加或更换。

插秧作业季后入库保养

每季（年）水稻插秧作业结束后，插秧机有近半年（一年）的停用期，需要认真做好检查、维护、保养及入库工作，保证下一作业季节（年）插秧机正常工作，延长使用寿命。

入库前将机具清洗干净，加注润滑油，检查调整后试机运转，关掉油箱开关，让其自行熄火，以耗尽汽化器燃油，再放尽油箱中的剩余燃油，不得保留剩余燃油在下一作业季使用。向火花塞孔注入约 20 毫升机油，将起动器拉下，目的是防止汽缸壁和气门生锈，在拉动时，感觉到有压缩感时停下。将主离合器手柄、液压手柄、插秧离合器手柄都放在“断开”“下降”位置。燃油旋塞、发动机开关拨到“OFF”状态下。

易锈蚀部位表面涂油防锈保养。将插秧机移入室内干燥处，用雨布遮盖防尘。对于乘坐式插秧机，将插秧装置置于“下降”位，底下垫一木块，踩下离合器踏板，使各操纵手柄处于“断开”位置，卸下电瓶，放在干燥处保管，定期充电。不要将机具放在室外，任由小孩玩耍或风吹、雨打、日晒，以防塑胶部件老化和金属配件锈蚀，缩短使用寿命。将随机配件、工具与插秧机机体一同保管存放。

话题 3　联合收割机维护保养

联合收割机是农田收割的主要机械，结构复杂、投资较大、工作时间短、存放时间长，因此，按照使用说明书的要求，正确地维护、保养联合收割机，对延长其使用寿命、提高工作效率是很重要的。

收割作业前维护保养

收割作业前的维护保养需在每日工作前进行。

- 对所有零部件、易损件进行细致的检查保养。按说明书进行调整、维修，各个润滑部分要按说明书规定进行润滑。例如，链条、割刀、输送爪销、轴承、皮带、底盘履带等都要逐一检查，及时更换损坏的零件。还需备有适量的易损件，以便机器使用中零件突然损坏时能及时更换。

- 割台部分要注意切割器、动刀杆头连接螺栓是否松动，动刀与定刀之间间隙是否过大，易磨损部位要按规定添加润滑油。

- 打开脱粒部分后盖，检查脱粒齿杆是否磨损过度，搅龙是否有异物堵塞，筛网是否破损，如发现问题，应及时清理、维修。

- 检查发动机机油、柴油、冷却水，再检查电瓶是否充足电，查看线路是否良好。按照说明书的要求加满油、水，充好电，再检查皮带及其链条的松紧程度，必要时按说明书要求进行调整。

- 做好以上工作后，原地发动机器，无负荷运转 2~5 分钟，收割机在运行过程中无异常，即可进行田间作业。如有异常，应立即关闭发动机，进行仔细的检查，发现故障，及时修理，一直到可以正常运转为止。

收割作业中保养

◉ 各磨损部位按说明书要求进行润滑，特别是切割器动刀与定刀处，应每 2~3 小时添加一次润滑油。

◉ 在作业过程中出现异常或发现输送不畅、动力不足等现象，应及时停机检查维修。堵塞的地方要及时清理，破损的地方及时更换，不能抱着能拖就拖的心理继续蛮干，这样容易使其他好的零部件破损，甚至出现更大的故障。

◉ 在使用过程中，要经常检查油、水是否符合要求，不足时应及时添加。

每天收割作业结束后的保养

清除机器各部件上的杂草、泥土等杂物，特别是要及时清除黏附在行走部分，如履带、驱动轮、支重轮及轴承上的泥土、杂草等，以避免泥土侵蚀轴承、油封以及泥土干硬板结时损坏履带、支重轴等零件。检查各工作部件，及时修补、更换。各润滑部位，特别是链条、轴承、割刀等处要及时加注润滑油。

收割季节结束后维护保养

收割季节结束后应对机器进行全面的清洗、维护、保养和入库存放等工作。

● 将机器内外的泥土、碎秸秆、籽粒等杂物清理干净。清理完毕后，起动机器，让各工作部件高速运转3~5分钟，排尽所有残存物。然后用水冲洗机器外部，再开动机器高速运转3~5分钟，以除去残存的水。晾干后开进机库存放。

● 卸下全部传动皮带，擦干净后，系上标签，挂在机库内墙壁上。卸下链条，放入柴油中清洗干净，涂上机油或润滑油，存放在通风干燥处。

● 保养割刀，先把动、定刀分开，清除附于刀间的泥土、杂草等残存物，涂油防锈。

● 检修脱粒滚筒和紧固件，把磨损超标的脱粒弓齿换掉，校正修复形变的弓齿。

● 全面检查机器上易磨损件，如搅龙伸缩杆套、动刀片与定刀片等，发现过度变形、损坏时，应修复或更换。

● 向各传动轴承加注润滑油，对摩擦部位，如拨禾轮、搅龙伸缩杆套、张紧螺杆等，要涂上机油或润滑油，防止锈蚀，对生锈的外露件和油漆已磨掉的地方要除锈后重新涂油漆。

● 把收割台放下，平稳放置在垫木上，使液压油缸的柱塞杆完全收缩进液压缸内。将收割台缓冲弹簧调整螺栓拧松，使其处于自由状态。

● 发动机每月起动两次，以中速空转10~15分钟。

收割机有很多种类与型号，维护保养应该严格按照随机的使用说明书来进行，细心保养。

话题 4 柴油机维护保养

正确地维护保养柴油机，可延长机器使用寿命，降低使用成本。柴油机的具体保养要求可视柴油机使用状况和环境条件确定。

小型柴油机维护保养主要分为日常维护保养、周维护保养、月维护保养等。

日常维护保养

- 检查燃油箱燃油量。加油时应有过滤措施。
- 检查油底壳、喷油泵调速器机油油面、油质状况，油面应达到机油标尺上的刻线标记，不足时，应加到规定量。
- 检查散热器或冷却水池的水位，不足时应加到规定量。
- 检查三漏（水、油、气）情况和柴油机各附件的安装情况，检查地脚螺栓是否连接牢固。

● 观察柴油机排烟情况，注意柴油机声音，发现异常现象及时查找原因并加以排除。

● 用干布或浸柴油的抹布擦拭机身，保持整机外部整齐、清洁。

周维护保养

柴油机每工作一周后，应进行如下技术保养：

● 完成日常维护保养规定的所有内容。

● 检查并清理空气滤清器，清理积尘盒内的灰尘。若工作环境灰尘多，可适当缩短清理周期。

● 清理燃油箱和燃油滤清器，排除积水和沉淀物，清理间隔时间最长不宜超过 200 小时。

月维护保养

柴油机每工作一个月后，应进行如下技术保养：

● 完成日常和周维护保养规定的所有内容。

● 清洗燃油滤清器：拆下滤芯和壳体，在柴油或煤油中清洗或更换滤芯，同时应排除水分和沉积物。

● 清洗机油滤清器：一般间隔 200 小时左右进行。对刮片式滤清器，转动手柄清除滤芯表面油污或将其放在柴油中刷洗；离心式的则将精滤器转子放在柴油或煤油中清洗。

- 清洗空气滤清器：惯性油浴式空气滤清器应清洗钢丝绒芯，更换机油；盆（旋风）式空气滤清器，应清除集尘盘上的灰尘，对纸质滤芯进行保养，清洗通气管内的滤芯。

- 检查调整气门间隙，检查喷油器喷雾情况，必要时清洗喷油器或调整喷油压力。

- 检查汽缸盖螺栓的紧固情况。

- 配备电起动的柴油机，还应检查蓄电池电压和电解液相对密度。电解液相对密度应为 1.28~1.30（环境温度为 20℃时）。同时电解液液面应高于极板 10~15 毫米，不足时应加注蒸馏水，此项最好请专业人员操作。

- 对于中、大型柴油机，除进行日常维护保养外，还应根据工作用途和生产厂家的规定进行维护保养。

无论进行何种保养，必须在停机状态下，有计划、有步骤地进行拆检和安装，并合理地使用工具，注意可拆零件的相对位置，同时保持柴油机及附件的清洁、完整。

话题 5 小型汽油机维护保养

目前，小型汽油机在农村应用越来越广泛，原来 8 千瓦以下的柴油机逐步被汽油机取代，多作为农林植保机械、小型农机具、园林机械、发电机组的配套动力机。正确地维护保养，才能使机器可靠地工作，延长使用寿命，减少维修费用，提高工作效率。下面介绍小型汽油机的维护保养内容。

日常维护保养

● 对于二冲程汽油机，应正确配兑混合燃油。汽油与机油的配比一般在 20∶1 与 25∶1 之间，汽油标号按说明书要求，机油必须采用二冲程汽油机专用机油，不能使用柴油机机油配制。不正确配兑混合油会影响机器运动部件润滑，造成零件磨损，甚至拉缸等故障。

● 新机磨合要达到 24 小时以后方可带负荷工作。

● 拆除空气滤清器，用汽油清洗滤网，并清理汽油机表面上的油污和灰尘。

● 检查油管接头是否漏油，接合面是否漏气，压缩是否正常。检查汽油机外部螺钉，螺钉应齐全、旋紧。

汽油机累计工作时间达 50 小时，增加下列保养

- 清洗油箱、汽化器、浮子室。
- 清洗火花塞积炭，调整间隙为 0.6~0.7 毫米。清除消声器中消音板积炭。
- 拆下起动轮和磁电机壳，检查断电器白金触点底板螺钉是否松动。
- 保养后将汽油机用塑料布或纸罩盖好，放在干燥阴凉处，防止磁电机受潮受热而导致汽油机起动困难。

第一，汽油是易燃、易爆物品，必须停机加油，防止发生火灾。第二，汽油机燃烧废气有毒，禁止在室内或密闭空间内使用小型汽油机。第三，应避免被排气管、机体等处烫伤。第四，工作时输出轴一定要有防护罩，防止异物飞出。

汽油机长期储存前的维护保养（停用时间为三个月以上）

- 放尽油箱、汽化器里的燃油。避免残余燃油因长时间停留

产生胶结而堵塞燃油通道和汽化器油道或黏结浮子针等。

- 取出火花塞，滴入几滴清洁机油并空拉几下，使缸壁上形成一层黏膜（此时应关闭熄火开关，没有熄火开关的应注意高压点火线，避免高压电击）。

- 清洗汽化器和空气滤清器。将汽化器和空气滤清器拆下，分别放入盛有清洁汽油的干净器皿中清洗，清洗干净后取出，待其自然挥发、风干后安装还原。

- 清除机体，特别是散热片的积尘。清除干净后，将少许机油涂于金属件表面，以防止生锈和氧化。

- 汽油机装箱，放置在干燥、通风的地方储存。

农用小型汽油机节油维护技术

小型汽油机系列（IFAOF / IE45F）以轻巧、方便深受农民朋友的欢迎，在我国广大农村保有量很大，主要作为水稻脱粒、农田灌溉、农林植保等小型机械之配套动力机。管好、用好、维护好这类动力机械，使其处于良好的技术状态是节约用油、提高经济效益的根本措施。据调查，很多农民朋友在使用该类小型机器时没有节油的理念，部分机手使用一段时间后，发现油耗成倍增长，不知原因，更不知如何解决。或继续强行凑合使用，或弃机报废，造成很大的油料浪费及经济损失。

此类小型汽油机的节油维护技术，主要有以下几方面：

- **杜绝隐性渗漏**　渗漏不仅直接造成油料的损失浪费，还严重地影响汽油机的技术状态，而且污染环境。汽油与水均为无色液体，工作时的振动容易诱发肉眼难以及时发现的渗漏，如油箱小裂缝、油管老化破裂、油路各连接处松动等。如果运行过程中发现油耗突然增大，首先要想到渗漏，并依次按油路逐一检查，发现渗漏及时排除。

正确选用汽油与机油牌号　IFAOF / IE45F 系列汽油发动机要求选用 90 号汽油及二冲程汽油机专用机油，汽油与机油的配比为 20：1 至 25：1。汽油机燃油牌号是根据发动机压缩比选用的，高选或低选燃油牌号都会造成浪费，并不能发挥其最佳经济使用性能。很多机手认为“高选超牌号燃油会使其综合工作性能好些”的想法是错误的。按使用说明书的要求使用配制油料是最佳选择。

关注汽缸和曲轴箱压缩力　汽缸和曲轴箱压缩力不足都会导致燃烧不良、运转时冒黑烟。有经验的机手可凭手感判断其压缩力是否正常。一般用手转动起动轮，转过上死点时，感到比较费力气，且转过上死点后起动轮可以自动转过一个较大的角度，说明汽缸压缩力正常。曲轴箱漏气会造成混合气雾化不良，导致功率不足，甚至在电路和油路正常的情况下不能起动发动机。若压缩力不正常，应分别检查活塞环是否磨损过大、折断、胶结，火花塞是否松动，汽缸、曲轴箱结合面是否漏气，两轴端油封是否损坏等，并及时排除故障。

定期清除积炭　积炭是未燃烧掉的燃油受热裂解变成炭，沉积在燃烧室、活塞顶、排气口处。积炭形成后会造成燃烧恶化、排气不畅、活塞环卡死等，导致功率不足、油耗增大。造成积炭的原因主要是配用的机油牌号不对、混合油配比不对、汽化器雾化不良、混合气太浓等。所以，定期清除积炭（累计工作 100 小时），严格按使用说明书选用汽油和机油，并按规定比例配制混合油（随配随用，并摇晃均匀），是减少积炭、提高经济使用效率的有效措施。

混合气过浓或过稀 汽化器在汽油机节油环节中起着举足轻重的作用。汽化器在发动机出厂前已调整到较佳状态，一般不需调整。但使用一段时间后，其运行动态技术参数会发生变化，使用条件也可能有特殊变化（指气温、大气压力、湿度等）。在油耗明显增加又找不出其他原因时，必须配合调整汽化器。如起动时，进气法兰连接处有油渗出；运转时消音器冒黑烟；在混合油配比正常的情况下，燃烧室及排气口仍积炭严重；低速时消音器排气有“噗噗”声、功率不足等，就可能是混合气过浓。如出现发动机迅速加速时，转速反而下降，甚至熄火，关小阻风门开度，转速又回升；机体运转一段时间就过热，出现动力不足等现象，就可能是混合气过稀。出现上述情况，应检查、调整并清洗汽化器，使其恢复到最佳技术状态。

合理匹配额定负荷 正确合理匹配负荷，可使机组以最少的消耗，发挥最大工作效益和获得最佳经济效果，是降低油耗、节油的关键之一。实验测定，超额定功率匹配负荷和低额定功率匹配负荷都会增加工作油耗，特别是经常处于超负荷情况下工作，燃油消耗更大，而且还会使机组经济技术指标迅速恶化，加快机件磨损，缩短机组寿命。农用小型汽油机系列应用广泛，安装使用比较随意，而且南方丘陵区水稻脱粒大都还是间隙式工作，人为因素较多。所以，使用时一定要尽量力求在额定负荷下连续工作，以达到节油及维护的双重目的。

话题 6　电动机维护保养

电动机在农村应用非常广泛，电动机能否正常工作，直接关系到生产能否顺利进行。必须重视电动机的日常维护、保养工作，电动机维护、保养的内容主要包括以下几个方面：

- 起动前检查电动机紧固螺栓情况和接地情况，检查各紧固螺栓及安装螺栓是否拧紧，检查漏电保护器是否正常。

- 起动前检查电动机铭牌所示电压、频率与电源电压、频率是否相符。

- 注意保持电动机的表面清洁和通风条件，不得有杂物进入电动机内部，进风口和出风口必须保持畅通。

- 检查电刷、外壳及轴承发热情况，若发现电动机温升过高，应及时找出原因，加以排除。

- 经常检查运行中的电动机是否有摩擦声或尖锐声响等杂音，如发现异常情况，应停机检修，待情况消除后，方能投入运行。

- 注意电动机轴承部位是否有漏油现象。轴承要定期清洗检查，轴承润滑脂（黄油）应定期补充或更换（一般一年左右）。

- 经常使用的电动机应该定期维修，分小修、大修两种。小修属一般检修，对电动机起动设备及整体不进行大的拆卸，约一季度一次。大修要将所有传动装置及电动机的所有零部件都拆卸下来，并对拆卸的零部件进行全面的检查及清洗，一般一年一次，大修最好请专业人员进行。

话题 7　农用水泵维护保养

农用水泵是农业抗旱排涝、增产增收的重要手段，主要分为离心泵、轴流泵、混流泵、潜水泵等。要使水泵处于最佳工作状态，必须进行正确的维护保养。

日常保养

- 定期更换轴承润滑油。用机油润滑的水泵，每月应更换一次润滑油；用润滑油润滑的水泵，每半年换一次润滑油。要注意区分水泵用钙基润滑脂和电动机用钠基润滑脂，不能用错。因钠基润滑脂亲水，在水泵上遇水会乳化成泡沫消散，而钙基润滑脂怕高温，用在电动机上，温度升高后易融化。

- 检查传动皮带张紧度。

- 日常拧动的螺钉，如填料压盖螺钉、灌水堵等，应用合适的扳手，以合理的扭矩拆装，不能太用劲，以防丝扣或螺帽滑扣。

- 水泵组的安装要准确、牢靠，作业时不可有明显的振动。若水泵抽水时有异响，或轴承烫手（温度高于 60℃），泵轴密封处每分钟渗水量大于 60 滴时，一定要查明原因，及时排除故障。

◆配套动力机功率与水泵（抽水机）额定功率要匹配。

◆发现故障要及时排除，切忌“带病”工作。如发现水泵剧烈振动，应立即停机检查，否则，若是水泵轴弯曲变形很有可能发生安全事故。

冬季保养

冬季应对水泵进行仔细的维护保养。

要放尽水泵和管路内的剩水，以免温度过低时积水结冰把泵体和水管胀裂，同时清洗水泵外表。

要清洗水泵底阀，涂漆防锈。

要检查泵轴上的滚珠轴承并清洗干净，涂上黄油，如内、外套磨损或晃动、滚珠磨损，则需更换。

检查水泵的叶轮是否有裂痕或小孔，叶轮固定螺母是否松动，如有损坏应修理或更换。

用皮带传动的，将皮带卸下来后用温水清洗擦干，放在干燥的地方存放，注意不能沾上机油等油类物质。

认真、仔细的维护保养可延长水泵的使用寿命，并使机器少出故障，提高工效。

话题 8　微耕机安全操作和维护保养

微耕机作为一种新兴的农业机械，具有功能多、小巧灵活、结构简单、使用维修方便等特点，颇受农民的欢迎，是代替传统牛耕，适合丘陵、山区的微型农用机械。微耕机在农业生产中发挥了较大作用，促进了农业增产、农民增收。因此，应注重微耕机的安全操作和维修保养。

日常安全操作和维修保养

● 在操作使用前，必须熟读说明书，严格按说明书的要求进行磨合保养，机手必须经过操作培训方能作业。

● 作业前检查机器各连接紧固件是否紧固，切记一定要将螺栓拧紧（包括行走箱部分、发动机支撑连接部分、发动机消音器、空气滤清器等）。

● 将机头、机身置于水平位置，检查机油、齿轮油的加注情况，不能多加，也不能少加。检查并清除漏油（机油、燃油、齿轮油）现象。

● 酒后不准操作微耕机，新机不准大负荷作业，田间转移应换轮胎，特别是在坡上作业应防止微耕机倾倒伤人。

● 起动时，一定要确认微耕机前后左右无人，安全后方能起动，以免伤人。冬季发动机起动困难时，可用开水淋喷油嘴或向燃烧室注入 0.5~1 毫升机油，即可正常起动。

◎微耕机在装上刀架后不要在水泥路、石板地上行走，在作业时应尽量避免与大石块等硬物碰撞，以免损伤刀片。发现发动机或行走箱等部位有异常响声后要停机检查，排除故障后才能工作。

◎每季作业完成后，应注意清除微耕机上的泥土、杂草、油污等附着物，同时检查、拧紧各紧固件螺栓，并用塑料薄膜或其他东西盖好或置于室内存放，防止日晒、雨淋生锈。

定期维护与保养

按照说明书的要求进行常规保养，并注意以下内容：

◎新发动机在正常作业 20 小时后，必须热机更换机油和齿轮油。

◎发动机润滑油应每作业 100 小时更换一次。

◎行驶变速箱油应在第一次作业 50 小时后更换，以后每作业 200 小时更换一次。

◎对于燃油滤清器的清洁，每作业 500 小时清洗一次，作业 1 000 小时后更换滤芯。每作业 400~700 小时以后进行油泵、喷油嘴压力校对，检查、调整气门间隙。

◎检查转向把手，操纵手柄应灵活好用，间隙为 1~3 毫米。检查主离合器操纵手柄，调节皮带和皮带盘间隙为 3~6 毫米。保持车胎气压为 1.2 千克 / 厘米^2。

◎紧固各连接螺栓。清扫空气滤清器，在空气滤清器底部加入 1 毫升机油。

话题 9　农机安全生产隐患消除

消除农机安全生产隐患是一个老生常谈的话题，农机安全生产关系到人民群众的生命财产安全，关系到现代农业和农村经济的健康发展。要消除农机安全生产隐患，必须做到以下几点：

- 农机工作者（包括管理者）和广大农机驾驶员要严格遵守《农业机械安全监督管理条例》。

- 严格实行农机使用许可证制，对农机实行使用前的初检及登记制、年度安全技术检验制，对农机驾驶操作人员实行培训、考证及审验制。未初检合格、未登记注册（取得号牌、登记证书）、年检不合格和未通过年检的农机不准使用，操作者未经培训及未取得相应机械的驾驶证或操作证、未审验或审验不合格者不得操作相应的农机。

- 严格按照机器的使用说明书及安全注意事项操作。例如，使用旋耕机时，其传动万向节必须要有安全防护罩等。

- 按照要求认真做好日常维护保养工作。

- 农机维修必须到正规的维修店。要选购合格配件，切忌使用“三无”伪劣配件，此类配件质量差，极易引起安全事故。虽然买劣质配件可以省钱，但发生事故后的处理及善后将花费更多费用，甚至威胁人身安全。

- 对少数严重老化、技术状态差的农机具，应定期进行安全技术检验。

- 达到报废条件或国家已经明令淘汰的农业机械必须报废。

● 农用拖拉机的使用更应注意安全问题，遵章守纪。一要禁止“黑车非驾”现象，不得无牌无证、号牌不全、无驾驶证出车上路。二是不能非法拼装、改装拖拉机。三是严禁超载和超速行驶、违章载人、酒后驾驶等违章行为。

话题1　农机产品选购与登记

农机产品选购的一般原则

市场上的农机具品种很多，质量也参差不齐，要买到生产上适用、技术上先进、经济上合理的农机具，应考虑以下因素：

适用性　农机具的适用范围涉及作业对象和适用的环境条件，选取能满足当地使用要求，又能保证完成所要求作业内容的机型。

经济性　购买农机具时要着重从自己的生产规模、经济条件来选择机型，并留有一定的余地，以便进一步扩大生产规模。若收入较高、土地连片、实行区域化种植，应以选购大中型联合作业机为上策。

安全性　安全性一般指作业的安全性和对人身健康的安全性两个方面。农机具必须能安全作业，在发生事故时能确保驾驶员的安全，保护装置及环保装置等符合国家强制性标准规定。尽量购置获得“中国驰名商标”以及“省著名商标”，并贴有QS质量安全标识的农机具。

配套性　要考虑到新购置的农机具与已有农机具的配套性，配套动力机功率大小要协调，生产能力要大体一致，减少不必要的浪费。

标准化　选购通用性好、标准化程度高的农机具，这样便于维修，配件也容易购买，维修成本相对较低，有效利用时间长，经济效益较高。

生产企业信誉　确定机具的型号之后，购机时还要看生产企业的信誉程度、实力和售后服务情况。尽可能购买信誉好、实力强、售后服务好的企业的产品，这对维护购机者自身的利益很有好处。

资料齐全　购买农机时，要细看资料，一是要选择规模大、信誉好、悬挂有《营业执照》和《税务登记证》的经销商，并且仔细查看农机具的产品生产许可证（有效期为5年）、农机推广许可证（有效期为3~5年）、产品说明书、产品合格证、产品铭牌、“三包”凭证。二是当面查验农机具的外观质量并清点随机配件，进行试运转，注意观察农机具外观。三是索要并保存正规发票及合格证、保修卡、合同、补贴协议等相关资料。四是使用中一旦发现机具出现质量问题，要保留好有关证据并及时向当地市、县农机质量投诉监督站或当地工商等部门进行投诉，或拨打12315投诉电话。

● 坚持“四不买”　一是不买“三无”农机产品，二是不买已淘汰的农机产品，三是不买来历不明的农机具，四是不买非法改装、拼装的农机具。

办理牌照和行驶证

根据《道路交通安全法》《农业机械安全监督管理条例》及其他相关规定，我国对拖拉机、联合收割机等农业机械及驾驶员进行牌证管理，机器必须按规定安装号牌，以提高农业机械的安全技术状况，保障农机田间作业安全和农机道路交通安全，维护农机作业秩序，保证农业生产的顺利进行。拖拉机、联合收割机上路作业必须证照齐全，驾驶员必须持有相应的驾驶证件。

按规定，拖拉机、联合收割机的牌照、行驶证，应向所在地县级农机监理部门申请登记、办理。拖拉机、联合收割机经安全检验合格的，农机监理部门应当在 2 个工作日内予以登记并核发相应的证书（行驶证）和牌照。

办理牌照和行驶证要提供下列材料：

● 拖拉机或联合收割机登记申请表(在办理部门领取并填写)。

● 拖拉机或联合收割机所有人的身份证明及复印件。

● 拖拉机或联合收割机来历凭证（发票等）。

● 国产拖拉机或联合收割机的整机出厂合格证明，或者进口拖拉机或联合收割机的进口凭证。

● 拖拉机或联合收割机发动机和机身(底盘)号码的拓印膜。

- 安全技术检验合格证明。
- 拖拉机还需交通事故责任强制保险（交强险）凭证。拖拉机交强险费用各地不同，一般运输型为 400~600 元 / 年，兼用型为 60~90 元 / 年。

悬挂式联合收割机（即背负式收割机）配套的拖拉机已领有号牌、行驶证的，持有效的拖拉机号牌、行驶证准予投入使用。

农机驾驶员有下列行为之一的，给予警告，可并处 20 元以上 50 元以下罚款：①未携带驾驶证、行驶证驾驶的；②故意遮挡、污损或者不按规定安装号牌的。

年度检验

农业机械的年度检验工作是保证安全生产的一项重要措施，是农机监理部门的一项法定职责。因此，应该认真参加农业机械的年检，年检前应按要求认真维护保养机器，消除安全隐患，以确保农业机械安全、正常地运行，提高农机具安全性、可靠性，预防和减少农机事故的发生。

买卖过户

随着农业经济水平的提高与快速发展，农业机械得到大量应用，二手农机的交易也很活跃。二手农机的买家一般都是新农机手，在买农机时往往会忽视过户问题。很多机手买农机时就像买蔬菜、水果一样，付了钱就提货走人。其实，这一交易属非法交易，经过农机管理部门办理过户手续的交易才属完全合法交易。不然，买机不过户，如果原机主负债，法院需要处理查封其财产时，这台机器也会被查扣抵押。此外，该机器一旦发生事故，附带有民事责任的，就会找到原机主，给原机主造成不必要的经济损失。

根据相关法律和规定，农机所有权发生转移，申请转移登记的（即过户），转移后的农机所有人应当于农机交付之日起 30 日内，到当地县级农机监理部门办理过户手续。办过户手续需填写农业机械转移登记申请表，提交买卖双方身份证复印件、行驶证、保险单、买卖协议书等法定证明材料，有的可能还需交验机器。注意，已报废的农机不能过户。

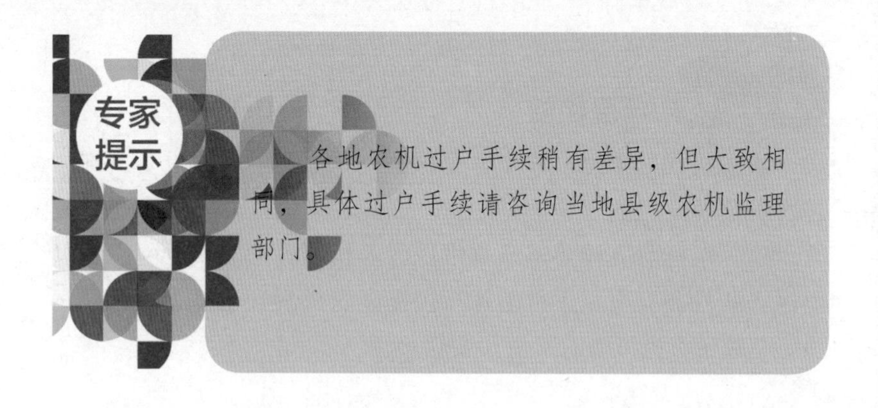

各地农机过户手续稍有差异，但大致相同，具体过户手续请咨询当地县级农机监理部门。

话题 2 农机购机补贴

购置补贴政策

根据《中华人民共和国农业机械化促进法》，农业部办公厅、财政部办公厅联合发布了最新的《2015—2017 年农业机械购置补贴实施指导意见》（以下简称《意见》），为鼓励和支持农民使用先进、适用的农业机械，加快推进农业机械化进程，提高农业综合生产能力，中央财政和地方财政每年设立农业机械购置补贴专项资金，对符合补贴条件的“直接从事农业生产的个人和农业生产经营组织”提供资金补贴。

农机购置补贴项目由财政部和农业部共同组织实施，指导地方各级财政部门和农机管理部门组织落实。补贴资金的使用遵循公开、公正、农民直接受益的原则。保证补贴到农民，做到资金到位，机具到位，服务到位，使补贴的农业机械切实在农业生产中发挥作用。

农机购置补贴政策自 2004 年开始实施，中央财政当年安排了补贴资金 0.7 亿元，在 66 个县实施。此后，中央财政不断加大投入力度，补贴资金规模连年大幅度增长，实施范围扩大到全国所有农牧县和农场。2004—2014 年中央财政共安排农机购置补贴资金 1 200 亿元，补贴购置各类农机具超过 3 500 万台（套）。全国农作物耕种收综合机械化水平由 2003 年的 33% 提高到 2014 年的 61%，为保障我国粮食安全、加快农业现代化提供了坚实的支撑。

◎此次《意见》最大的变化是对补贴对象进行了修改，补贴对象有所放宽；补贴品类向粮、棉、油、糖等主要农作物集中，补贴机具范围有所收缩；补贴流程更简便，信息更公开。

◎享受补贴的对象为个人和农业生产经营组织。个人包括农民、农场职工，也包括直接从事农业生产的其他居民。农业生产经营组织包括农民合作社、家庭农场，也包括直接从事农业生产的农业企业等。

在申请补贴人数超过计划指标时，补贴对象的优选条件是农民（农机）专业合作社，农机大户、种粮大户，列入农业部科技入户工程的科技示范户，“平安农机”示范户。同时，对报废更新农业机械、购置主机并同时购置配套农具的要优先补贴。申请人员的条件相同或不易认定时，按照申报时间顺序或采取农民易于接受的方式确定。

农机购置补贴机具的种类

各地农机购置补贴机具的种类每年有变动。2015—2017 年中央财政资金补贴机具种类为 11 大类 43 个小类 137 个品目，大类包括耕整地机械、种植施肥机械、田间管理机械、收获机械、收获后处理机械、农产品初加工机械、排灌机械、畜牧水产养殖机械、动力机械、设施农业设备及其他机械等。

各省应根据农业生产实际，在 137 个品目中，选择部分品目作为本省中央财政资金补贴范围，并要根据当地优势主导产业发展需要和补贴资金规模，选择部分关键环节机具实行敞开补贴。

各省的年度《农机补贴产品目录》，由各省级农机化主管部门制定，并向农村、农民和社会公布，让农民从中自主选购中意的农业机械。

如何了解农机购置补贴目录

主要有三个渠道：一是中国农业机械化信息网[①]及各省和地方农机化信息网。二是在省、市、县各级农机化主管部门或乡镇农机站查看农机购置补贴目录。三是各地农机化主管部门印发的文件、有关报纸杂志、乡村公告等。各省、自治区、直辖市的农机购置补贴目录一般在每年 3、4 月份发布，具体时间可以咨询当地县农机化主管部门。

农机购置补贴的标准

对于 2015—2017 年补贴标准，国家有两个方面规定：

● 一是中央财政农机购置补贴资金实行定额补贴，即同一种类、同一档次农业机械原则上在省域内实行统一的补贴标准，不允许对省内外企业生产的同类产品实行差别对待。通用类机具最高补贴额由农业部统一发布。各省农机化主管部门负责制定非通用类机具分类分档办法并确定补贴额。

● 二是一般农机每档次产品补贴额原则上按不超过该档产品上年平均销售价格的 30% 测算，单机补贴额不超过 5 万元，挤奶机械、烘干机单机补贴额不超过 12 万元，100 马力以上大型拖拉机、高性能青饲料收获机、大型免耕播种机、大型联合收割机、水稻大型浸种催芽程控设备单机补贴额不超过 15 万元，200 马力以上拖拉机单机补贴额不超过 25 万元，大型甘蔗收获机单机补贴

① 中国农业机械化信息网 www.amic.agri.gov.cn

额不超过 40 万元；大型棉花采摘机单机补贴额不超过 60 万元。玉米小麦两用收割机按单独的玉米收割割台和小麦联合收割机分别补贴。

购机及办理购机补贴

● 需要购机的农民可根据当地县、区农机局公告的当年补贴资金来源、重点补贴机具种类、补贴比例、补贴额度等，自愿选择购买机具。应根据公告的申请时间，通过乡镇农机管理站，或直接向县、区农机局提出申请，并实事求是地填写购机申请表，尽可能早地把填好的购机申请表交到乡镇农机管理站或县农机局。

● 县级农机局按照公平、公正、公开的原则和有关规定，初步确定拟补贴对象并进行公示。

● 公示无异议后，与县级农机局签订农机购置补贴协议。

● 在补贴目录范围内自主选择所需机具和经销企业，与经销企业商谈确定机具价格后，向经销企业支付机具价格减去补贴资金后的差价款购机，农民提取机具时向供货方提交《购机补贴协议》，供货方向购机农民出具购机发票，即“差额购机”。

● 购机后要及时告知县级农机局核实登记机具。实施牌证管理的机具还需及时办理牌证。

● 机具补贴资金由供货方和省农机局办理相关手续后，由省财政厅直接支付给供货方，这就是所说的“统一结算”或“集中支付”。

享受农机购置补贴的机具是否享受“三包”服务

补贴机具与市场销售的机具一样，同样享受国家规定的“三包”服务。因为是政府补贴，在售后服务方面，农机部门要求供货方提供更优质的“三包”服务，农机部门也将加强质量督察，确保农民用上放心、满意的补贴机具。

补贴机具可不可以转卖

为防止有人享受补贴购机后倒卖获利，农业部、财政部规定，享受补贴购买的农机具，2 年内不得擅自转卖。因特殊情况需转卖的，须经县级农机化主管部门批准，并报备省级农机化主管部门备案。凡发现违规情况，有关人员将受到严厉查处。

话题 3　农机产品质量投诉

解决农机产品质量纠纷的法律法规依据和途径

● **相关法律法规**　主要有《中华人民共和国消费者权益保护法》《中华人民共和国产品质量法》，国家质量监督检验检疫总局、农业部等四部局颁布的《农业机械产品修理、更换、退货责任规定》以及相关法律法规。

投诉站　1996年5月由中国消费者协会和农业部农机试验鉴定总站共同协商成立了中国消费者协会农机产品质量投诉监督站（以下简称农机产品质量投诉监督站），其办公地点设在农业部农机试验鉴定总站（地址：北京市朝阳区东三环南路十里河；邮编：100021；电话：010-67347472）。目前，全国各市、县都设立了农机产品质量投诉站，农机产品质量投诉网络渐具雏形，农机产品质量的投诉比以前较易解决。

农机新“三包”规定

2010年3月13日由质量监督检验检疫总局、工商行政管理总局、农业部、工业和信息化部颁布了新的《农业机械产品修理、更换、退货责任规定》（以下简称新《农机“三包”规定》），于2010年6月1日起施行。

新《农机“三包”规定》在原规定主要内容的基础上，根据我国农机生产经营情况的变化、农民的需求和农机产品的技术进步情况，对有关问题进行了修订、补充和完善，可操作性更强，能够更好地保护农民合法权益。农机产品的“三包”实行谁销售谁负责的原则。

购买的农机产品出现质量问题怎么办

在发生农机产品质量和服务问题后，消费者可先找经销商协商解决，协商之前，应向当地农机质量投诉站咨询或学习《消费者权益保护法》《产品质量法》《农业机械产品修理、更换、退货责任规定》以及相关法律法规。搞清楚经销者或生产厂家在哪些方面损害了自身的权益；是维修、更换、还是退货，到底能得到多少赔偿，做到心中有数再去找经销商，诉说所购物品及发现的质量问题，并依法提出合理的要求。

如果协商不成，可直接向当地市、县农机产品质量投诉监督站投诉，如果无法解决，可向省消费者委员会农机产品质量投诉监督站投诉，或向中国消费者协会农机产品质量投诉监督站投诉，也可向人民法院提起诉讼，以维护自身的合法权益。

农机产品质量投诉监督站的服务对象

农机产品质量投诉监督站的服务对象是具有农民身份的农机用户和不是法人代表的农场职工，受理的投诉应是农民购买并直接用于农业、农副产品加工业、畜牧业、渔业生产的农机产品因质量问题引发的纠纷。凡属经营者之间的购销纠纷、法人代表投诉、违反农机“三包”责任规定、被投诉方不明确和已经由法院、仲裁机构、基层消协或有关行政部门受理的投诉不予受理。

如何进行农机产品质量投诉

农机产品质量投诉可采取电话投诉、书面投诉、来人投诉等多种形式，但正式受理一定要有书面投诉材料。如果需要投诉，在书面投诉材料中必须包括以下资料：

- 投诉者姓名、通信地址、邮政编码、电话号码。
- 被投诉者单位名称（农机生产企业或销售单位）、通信地址、邮政编码、电话号码。
- 农机产品的型号、名称、数量、购买日期、购买地点以及产品发生的质量问题和与被投诉者交涉的简单情况等。
- 投诉要求。
- 购机发票、保修单等有关证明材料（复印件）。

投诉站处理投诉程序

投诉站接到农机产品质量投诉后，在 10 天内完成初审，符合条件的投诉予以受理。受理投诉后，将有关投诉材料复印件转寄给被投诉者，要求被投诉者在 20 天内进行调查处理，并将处理结果答复投诉站和投诉者本人。逾期不答复者，则发“催办通知”。连续 3 次催办不予处理的，投诉站将通过各种途径向社会公布投诉材料。如果投诉双方对处理意见无法达成共识，投诉站将进行调解，或直接派专家调查，提出处理意见。调解不成，建议投诉者到法院起诉。

农机产品质量投诉是否收费

农机产品质量投诉监督站受理投诉原则上不收费。需要做技术鉴定、检测的，由投诉者本人或有关部门出具书面委托文件，委托法定检验部门鉴定，所需检测费由责任方负担。如双方均有责任，按责任大小，由双方共同负担。

农机质量投诉监督站不予受理的几种情况

- 经营者之间或生产者与经营者之间的购销纠纷。
- 在国家规定的保修期和保证期之外发生的质量纠纷。但超过保修期和保证期，因质量缺陷造成人身伤害的除外。
- 被投诉方不明确的。
- 法院、仲裁机构、有关行政部门或地方消协已经受理或处理的。
- 符合《农业机械产品修理、更换、退货责任规定》中免责条款的。
- 争议各方曾达成调解协议并已执行，而且没有新情况、新理由的。

农机产品“三包”期限如何计算

“三包”有效期自开具发票之日起计算，扣除因承担“三包”业务的修理者修理占用和无维修配件待修的时间。“三包”有效期包括整机“三包”期和主要部件“三包”期，一般主要部件“三包”期大于整机“三包”期。

我国关于内燃机、拖拉机、联合收割机、插秧机整机和主要部件“三包”有效期的规定

- 拖拉机整机“三包”有效期：大中型拖拉机（18 千瓦以上）为 1 年，小型拖拉机为 9 个月。主要部件“三包”有效期：大中型拖拉机为 2 年，小型拖拉机为 1.5 年。拖拉机主要部件包括内燃机机体、汽缸盖、飞轮、机架、变速箱箱体、半轴壳体、转向器壳体、差速器壳体、最终传动箱箱体、制动毂、牵引板、提升壳体。

- 联合收割机（包括玉米收获机）整机“三包”有效期为 1 年，主要部件“三包”有效期为 2 年。主要部件包括内燃机机体、汽缸盖、飞轮、机架、变速箱箱体、离合器壳体、转向机、最终传动齿轮箱箱体。

- 内燃机整机“三包”有效期：多缸柴油机为 1 年，单缸柴油机为 9 个月；二冲程汽油机为 3 个月，四冲程汽油机为 6 个月。主要部件“三包”有效期：多缸柴油机为 2 年，单缸柴油机为 1.5 年；二冲程汽油机为 6 个月，四冲程汽油机为 1 年。主要部件包括机体、汽缸盖、飞轮。

● 插秧机整机“三包”有效期为1年，主要部件“三包”有效期为2年。主要部件包括机架、变速箱体、传动箱体、插植臂、发动机机体、汽缸盖、曲轴。

农机“三包”期内发生故障应注意的问题

● “三包”期内农机发生故障需要厂家修理时，必须凭正规的购机发票及“三包”凭证就近到生产厂家指定的维修点维修（一般到购买地点维修或由销售者联系维修点），维修完毕后在“三包”凭证上做好维修记录。

购机时一定要索取“一票二证”，“一票”即带税章的正规销售发票，“二证”是指产品合格证和“三包”凭证，并保存好；还要索取使用说明书，并认真仔细阅读，按使用说明书进行操作，做好必要的维护、保养，因为使用不当造成农机损坏的不在“三包”范围之内。

● 运输途中发生故障，机手千万不要拆卸机器，应尽快与销售者联系协商维修事宜，当取得销售者同意后，才可就地拆卸修理。不经销售者同意私拆机器后无法获得“三包”服务。

● 若农机在“三包”有效期内由于质量问题发生事故，特别是发生人身伤亡事故时，除先救人外，还应注意做好以下四件事：一要保护现场，并及时与销售者或厂家指定的维修点联系。二要及时做技术鉴定，请当地质量技术监督部门到现场查看，进行技术鉴定，并要求出具书面证明材料和保存好所损坏的零配件。三要尽快报警，对造成人员伤亡的，要由公安机关和交警部门进行现场勘察取证后，出具书面证明材料，以备日后使用。四要对伤亡人员做出法医鉴定。

农机新“三包”的换货、退货规定

● 新《农机“三包”规定》第二十八条：“三包”有效期内，送修的农机产品自送修之日起超过 30 个工作日未修好，农机用户可以选择继续修理或换货。要求换货的，销售者应当凭“三包”凭证、维护和修理记录、购机发票免费更换同型号、同规格的产品。

● 第二十九条：“三包”有效期内，农机产品因出现同一严重质量问题，累计修理 2 次后仍出现同一质量问题无法正常使用的；或农机产品购机的第一个作业季开始 30 日内，除因易损件外，农机产品因同一一般质量问题累计修理 2 次后，又出现同一质量问题的，农机用户可以凭“三包”凭证、维护和修理记录、购机发票，选择更换相关的主要部件或系统，由销售者负责免费更换。

● 第三十条：“三包”有效期内或农机产品购机的第一个作业季开始 30 日内，农机产品因上述第二十九条的规定更换主要部件或系统后，又出现相同质量问题，农机用户可以选择换货，由销售者负责免费更换；换货后仍然出现相同质量问题的，农机用户可以选择退货，由销售者负责免费退货。

第三十一条：符合退货条件或因销售者无同型号同规格产品予以换货，农机用户要求退货的，销售者应当按照购机发票金额全价一次退清货款。

第三十四条：“三包”有效期内，销售者不履行“三包”义务的，或者农机产品需要进行质量检验或鉴定的，“三包”有效期自农机用户的请求之日起中止计算，“三包”有效期按照中止的天数延长；造成直接损失的，应当依法赔偿。

“三包”有效期内，符合新《农机“三包”规定》更换主要部件的条件或换货条件的，销售者应当提供新的、合格的主要部件或整机产品，并更新“三包”凭证，更换后的主要部件的质量保证期或更换后的整机产品的“三包”有效期自更换之日起重新计算。

农忙季节出现质量问题时对“三包”修理时间的要求

根据新《农机“三包”规定》，整机“三包”有效期内，联合收割机、拖拉机、播种机、插秧机等产品在农忙作业季节出现质量问题，在服务网点范围内，属于整机或主要部件质量问题的，修理者应当在接到报修后 3 日内予以排除；属于易损件或是其他零件的质量问题的，应当在接到报修后 1 日内予以排除。在服务网点范围外的，农忙季节出现的故障修理由销售者与农机用户协商。

国家鼓励农机产品生产者、销售者、修理者农忙时期开展现场的有关售后服务活动。

第六讲

农机过户与报废

话题1　农机过户与变更

什么是农机的过户

农机的过户是指农机拥有权的转移。农机一旦过户，法律上的机主就是现在的机主，而不再是原来的机主。

农机买卖为什么必须办理过户

现任的机主要想拥有农机的产权，就必须办理过户。根据《拖拉机登记规定》《联合收割机及驾驶人安全监理规定》及当地政府制定的《农业机械作业安全管理规定》等规章，在农机买卖过程中，当农机的所有权发生转移时，则必须到当地的农机交易市场办理交易手续，再到农机管理部门办理过户手续。没有办理交易过户的，双方交易不具备法律效力，农机产权也不能转移。未办理过户手续的农机交易，对交易双方都存在隐患。

● 对买方来说，买方虽然拥有了农机，但产权未转移到自己名下，如卖方反悔可将农机重新收回。有关部门追缴卖方财产时，该机仍属于追缴范围，新机主并不能真正拥有买来的农机。

● 对卖方来说，由于卖方行为无法律效力，卖出的农机日后在运输过程中发生交通事故，根据《道路交通事故处理办法》第三十一条“机动车驾驶员暂时无力赔偿的，由驾驶员所在单位或者机动车的所有人负责垫付”，卖方即使是无辜的，也将承担赔偿责任。

如何办理农机的过户

农机过户机主必须认真填写农业机械变更、过户、封存、启封、转籍、报废申请审批表，新、原机主在相应的“机主签章”栏内加盖印章后，凭此申请审批表、单位代码证书或个人身份证，到当地农机监理机构办理手续。其中过户的农用拖拉机、联合收割机必须在年检的有效期内，要核对车辆的车架钢印号，发动机钢印号，核对无误后方准许交易过户。

已封存、报废的主要农业机械，上道行驶的农机未完税和车架钢印号、发动机钢印号改动过的及手续不全、欠费、违章的不能过户。

什么是农机的变更

农业机械的变更包括：

- 变更机身颜色，更换机身（底盘）或者挂车。
- 更换动力部件（发动机）。
- 因质量问题由制造厂更换整机。
- 从事运输的拖拉机所有人的住址迁出或转入农机监理机构管辖区。
- 农机为两人以上共同财产，变更农机所有人姓名。
- 农机所有人姓名（单位名称）、联系方式变更备案。

怎样办理变更手续

办理农业机械变更手续需提供以下材料，然后到当地农机监理机构办理手续。

- 农业机械变更登记申请表。
- 所有人的身份证明。
- 农业机械登记证书。
- 从事道路运输的农业机械行驶证。

哪些情形不予办理变更手续

农业机械有下列情形之一的，不予办理变更登记：

- 有不予办理注册登记六种情形之一的。
- 农业机械在抵押期间的。
- 与该机的档案记载的内容不一致的，或者档案被人民法院、人民检察院、行政执法部门依法查封、扣押的。
- 从事运输的农业机械（拖拉机）涉及未处理完毕的道路交通、农机安全违法行为或者交通、农机事故的。

话题 2　封存与启封

哪些农机需要封存

- 未取得农业机械产品鉴定证书的。

- 国家规定实施农业机械产品推广许可证而未获得推广许可证的。
- 国家规定实施农业机械生产许可证而无生产许可证的。
- 不符合农业机械运行安全技术条件或安全技术标准，上道路行驶的拖拉机不符合《机动车运行安全技术条件》（GB 7258—2012）的。
- 擅自改装、改型、拼装的。
- 国家明令淘汰或报废的各类农业机械。
- 超期使用的。
- 领有牌证的农业机械因故不能使用的。

农机的封存怎样办理

机主凭本人身份证，到现籍农机安全监理机关办理封存手续，填写农业机械封存、启封、报废审批申请表，经审批同意，收回号牌、行驶证，并在农业机械登记表封存栏内签注，将审批申请表、行驶证装入农业机械档案。已封存的农业机械不得使用或转让。

农机的启封

已封存的农业机械，在取得了相应的证书后，上道行驶的拖拉机经维修检验后符合《机动车运行安全技术条件》（GB 7258—2012）的，需要启封复驶时，机主凭身份证到现籍农机安全监理机关办理启封复驶手续。交清封存期间各项正常费用后，填写农业机械封存、启封、报废审批申请表，经检验合格后，主管部门签注意见，发给原号牌、行驶证并在农业机械登记表中签注、盖章。农业机械封存、启封、报废审批申请表装入档案。

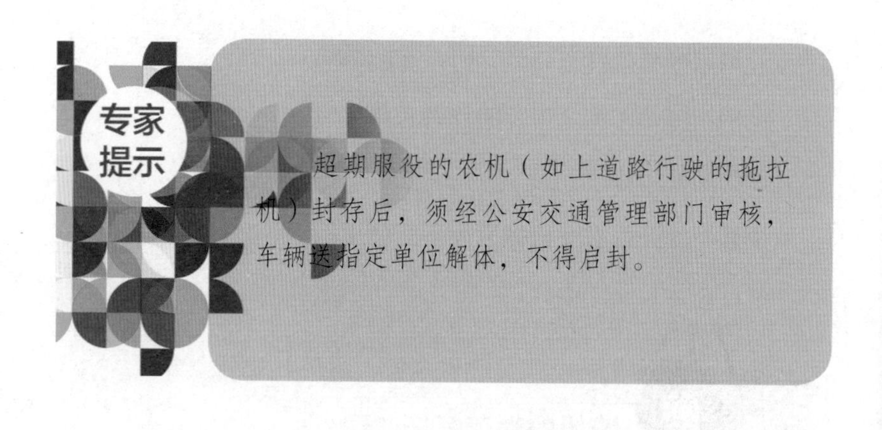

超期服役的农机（如上道路行驶的拖拉机）封存后，须经公安交通管理部门审核，车辆送指定单位解体，不得启封。

话题 3　农机报废

超期服役的农机报废的必要性

农机超期服役存在以下安全隐患：

- 超期服役的农机部件产生摩擦、损坏、腐蚀、老化等，导致技术状态下降，直接影响到农机的作业安全，突出表现在影响农机的制动、转向、照明及信号装置等。此外，超期服役的农机因技术状态下降，噪声加剧，干扰操作人员的听力、中枢神经系统，使操作人员精神难以集中，大大增加了事故发生率。

● 超期服役的农机会排放大量的废气和污染物，严重污染大气环境。此外，报废农机中含有多种重金属、有害液体、塑料等物质，超期服役、不当拆解或处理也会给环境造成污染。

● 超期服役的农机作业效率低，导致作业成本提高。农机达到报废年限后，发动机功率、牵引功率下降，严重制约作业效率，影响正常的农业生产。同时，农机老化导致油耗高、维修成本高，作业成本也相应增加。

所以，农机在超过了一定的使用期后，就应该报废。国家建立落后农机淘汰制度和危及人身财产安全的农业机械报废制度，并对淘汰和报废的农机依法实行回收。

怎样办理农机的报废

机主要填写农业机械封存、启封、报废审批申请表一式两份，到现籍农机安全监理机关办理报废手续，主管部门签注意见后，一份装入农业机械档案，一份交乡监理员并通知机主，上道行驶的农机要收缴号牌和行驶证，在农业机械登记表中签注，将行驶证加盖“注销”章同农业机械封存、启封、报废审批申请表装入档案，其档案也加盖“注销”章。

◆农机监理部门规定对实行牌、证管理的农业机械，包括上道行驶的拖拉机和带有自走式底盘的农机（联合收割机等）的过户、变更及封存、报废时，应当到原发牌、证机关分别办理过户、变更及封存、报废、注销登记手续。

◆经批准报废的农业机械，不准转让或者使用。

◆农机监理部门对不实行牌、证管理的农用动力机械进行登记，并给予技术指导和监督检查。

第七讲

农机监理法律法规

话题1　农机驾驶证申领

哪些农业机械需要驾驶证

《道路交通安全法》第一百二十一条规定，上路行驶的拖拉机，由农业（农业机械）主管部门行使该法第八条、第九条、第十三条、第十九条、第二十三条规定的公安机关交通管理部门的管理职权。农业机械主管部门对凡是上路行驶的农业机械实行牌、证管理，即都要办理驾驶证。农业机械中上路行驶的机械，一是运输用的和田间配用不同种农具的拖拉机，二是带有自走式底盘的农业机械，如联合收割机等。实行牌、证管理的农业机械在投入使用前，必须向所在地县级农机监理机关或者其委托的单位申请登记，经检验合格，领取牌照、行驶证后方可使用。

农业机械号牌应在规定位置安装，保持清晰，不得故意遮挡、污损。农业机械号牌、行驶证不得转借、涂改和伪造。农机在未取得正式号牌前，需作业或者试车时，应向当地农机监理机关申领临时号牌或者试车号牌，按指定路线行驶。

如何申领农用拖拉机、联合收割机驾驶证

1. 驾驶员报考条件

农业机械驾驶员分为学习驾驶员和正式驾驶员，申请驾驶证的人员，应当符合以下条件：

● **年龄** 在 18~60 周岁。

● **身高** 不低于 150 厘米。

● **视力** 两眼裸视力或者矫正视力达到对数视力表 4.9 以上，无红绿色盲。

● **听力** 两耳分别距音叉 50 厘米能辨别声源方向。

● **上肢** 双手拇指健全，每只手其他手指必须有 3 指健全，肢体和手指运动功能正常。

● **下肢** 运动功能正常，下肢不等长度不得大于 5 厘米。

● 躯干、颈部 无运动功能障碍。

2. 报考程序

● 领填拖拉机驾驶证申请表或联合收割机驾驶证申请表，粘贴本人证件照、身份证复印件，接受身体检查，体检合格，并加盖体检专用章，报请农机安全监理机构审核后，经理论考试合格，发给农业机械学习驾驶证，定为学习驾驶员。学习驾驶证有效期限为2年。

● 持有学习驾驶证的学员经农机驾驶培训机构培训，技术科目考试合格后发给农业机械驾驶证。农业机械驾驶证有效期限为6年。

3. 考试

考试设四个科目，考试顺序按照科目一、科目二、科目三、科目四依次进行，前一科目考试合格后，方准参加后一科目考试，其中拖拉机驾驶员科目三的挂接农具和田间作业技能考试，可根据实际机型选考其中之一。每个科目考试一次，可以补考一次，补考仍不合格的，本科目考试终止。科目内容和合格标准全国统一。

（1）拖拉机驾驶员考试科目及内容

● 道路交通安全、农机安全监理法律法规、拖拉机及常用配套农具的总体构造、维护保养知识和常见故障判断和排除方法、安全操作规程等相关知识考试。

● 场地驾驶技能考试。

● 挂接农具和田间作业技能考试。

● 道路驾驶技能考试。

（2）联合收割机驾驶员考试科目及内容

- 道路交通安全、农机安全监理法律法规、联合收割机的总体构造和维护保养知识、常见故障判断与排除方法、安全操作规程等相关知识。

- 场地驾驶技能考试。

- 田间（模拟）作业技能、驾驶技能考试。

- 方向盘自走式联合收割机道路驾驶技能考试。

4. 驾驶证的核发及档案的建立

对考试合格的各种类型的农业机械驾驶员，农机安全监理机构核对计算机管理系统信息，确定相关驾驶证档案编号，制作、核发驾驶证。

话题 2　农机驾驶证换证、补证和审验

拖拉机、联合收割机驾驶证在什么情况下换证

- **驾驶证有效期满换证**　拖拉机、联合收割机驾驶人应当在驾驶证有效期满前 90 日内，向驾驶证核发地农机安全监理机构申请换证。

- **转入换证**　驾驶人户籍迁出驾驶证核发地农机监理机构管辖区的，或居住在驾驶证核发地农机安全监理机构管辖区以外的，可以向户籍地或居住地农机安全监理机构申请补证。申请换证时

应当向驾驶证核发地农机安全监理机构提取档案资料，转送申请换证的农机安全监理机构。

驾驶人信息发生变化或证件损毁换证 驾驶证上驾驶人信息发生变化的或驾驶证损毁无法辨识的，驾驶人应当在 30 日内到驾驶证核发地农机安全监理机构申请换证。

实行牌、证管理的农业机械，必须按农机监理机构规定的时间接受年度检验。因故不能按期参加检验的，必须事先申明理由。未经检验或者检验不合格的，不准继续行驶或者使用。

怎样办理换证

申请换证时应当填写拖拉机（或联合收割机）驾驶证申请表，并提交：①驾驶人身份证明及复印件；②驾驶证。驾驶证有效期满换证还需提供医疗机构出具的身体条件的证明。

拖拉机、联合收割机驾驶证补证

拖拉机、联合收割机驾驶人驾驶证遗失的，驾驶人应当向驾驶证核发地农机安全监理机构申请补发。申请补证时应当填写拖拉机（或联合收割机）驾驶证申请表，并提交：①驾驶人身份证明及复印件；②驾驶证遗失的书面声明。农机安全监理机构会在3日内补发驾驶证。

哪些情况下要进行驾驶证审验

● 拖拉机、联合收割机驾驶证有效期满换证时，由农机安全监理机构对驾驶证进行审验。

● 年满 60 周岁的拖拉机、联合收割机驾驶人，应每年进行 1 次身体检查，向农机安全监理机构提交身体条件证明，由农机安全监理机构审验并签注驾驶证。

● 公安交通管理部门对拖拉机驾驶人的道路交通安全违法行为实行累积记分制度，记分周期为 12 个月。拖拉机驾驶人在一个记分周期内累积记分达到 12 分的，农机监理机构接到公安机关交通管理部门通报后，应通知拖拉机驾驶人在 15 日内到拖拉机驾驶证核发地农机监理机构接受为期 7 日的道路交通安全法律法规和相关知识的教育，拖拉机驾驶人接受教育后，农机监理机构应在 20 日内对其进行科目一考试。

● 拖拉机驾驶人在一个记分周期内两次以上达到 12 分的，农机安全监理机构应当在科目一考试合格后 10 日内进行科目四考试。考试合格的，记分予以清除。

参考文献

［1］柏建华 . 农田作业机械使用技术问答 [M]. 北京：人民交通出版社，2001.

［2］张军 . 电机维修入门 [M]. 安徽：安徽科学技术出版社，2007.

［3］赵新房 . 轻松学修柴油发电机组 [M]. 北京：人民邮电出版社，2008.

［4］涂同明 . 农机安全生产必读 [M]. 湖北：湖北科学技术出版社，2008.

［5］李长沙 . 农副产品加工机械使用技术问答 [M]. 湖北：人民交通出版社，2001.

［6］王群 . 农产品加工机械使用维护与故障排除 [M]. 北京：金盾出版社，1994.

［7］王燧远 . 农业机械使用与维修 [M]. 北京：高等教育出版社，1993.

［8］杨俊成 . 高效饲料加工技术问答 [M]. 北京：中国农业科技出版社，2000.

［9］王利民 . 凌小燕 . 简明农机安全生产指南 [M]. 北京：中国三峡出版社，2008.

［10］12316 新农村热线专家组 . 农机安全监理与维修 400 问 [M]. 吉林：吉林出版集团有限责任公司，2009.

［11］农业部农业机械化管理司 . 农机安全法规与相关知识

必读 [M]. 北京：中国农业大学出版社，2009.

［12］ 李宝筏 . 农业机械学 [M]. 北京：中国农业出版社，2003.

［13］ 陈志 . 农业机械设计手册 [M]. 北京：中国农业科学技术出版社，2007.

［14］ 马样存 . 安全驾驶拖拉机要“五稳”[J]. 农村百事通，2007（21）：86~87.

［15］ 马庆学 . 谈谈特殊道路上的安全驾驶 [J]. 南方农机，2008（5）：43.

［16］ 惠京山，孙运涛 . 雨天行车安全攻略 [J]. 河北农机，2008（3）：33.

［17］ 疏泽民 . 手扶拖拉机的启动与起步 [J]. 现代农业装备，2007（12）：57.

［18］ 任国清 . 履带式拖拉机自动跑偏的原因及故障排除 [J]. 农技使用与维修，2004（5）：30.

［19］ 王鹤鸣 . 操作履带式联合收割机的误区 [J]. 农技服务，2005（8）：52.

［20］ 刘艳东， 鲍恩冬，林玉海 . 链轨拖拉机履带的正确使用 [J]. 农机使用与维修，2005（2）：48.

［21］ 婉儿 . 履带式拖拉机前梁断裂原因分析 [J]. 现代农业装备，2005（12）：63.

［22］ 吴劲松，刘际权 . 如何正确使用联合收割机 [J]. 南方农机，2006（4）：44.

［23］王微，田宝林．联合收割机安全驾驶基本要点[J]. 农民致富之友，2009（8）：37.

［24］姜成龙．联合收割机驾驶与操作技术[J]. 农村科学实验，2009（10）：39.

［25］薛志成．脱粒机的安装、调整及常见故障[J]. 山东农机，2009（6）：19.

［26］于影，李大伟．脱粒机的检查调整及正确使用[J]. 养殖技术顾问，2009（5）：148.

［27］鲍树贵．脱粒机安全使用注意事项[J]. 农机使用与维修，2006（6）：63.

［28］黄宝峰，张龙，王新．碾米机常见故障与排除[J]. 农机使用与维修，2007（1）：47.

［29］雷志军，李长春．旋耕机的正确使用与调整[J]. 农机使用与维修，2003（4）：19.

［30］杜小英．旋耕机的正确安装及保养[J]. 湖北农机化，2000（4）：20.

［31］高铁锋，刘显峰．旋耕机的使用、调整与维修[J]. 农机使用与维修，2005（3）：21.

［32］虞露锋．水稻插秧机的常见故障及排除方法[J]. 南方农机，2009（2）：23~24.

［33］郭西乔．播种机的使用与维护[J]. 安徽农机，2004（2）：23.

［34］王建祥．播种机作业前的检查与调整[J]. 山东农机，2001（12）：9.

［35］张永国．水稻插秧机的常见故障及排除方法 [J]. 江苏农机化，2010（1）：55.

［36］盛海涛，刘忠鹏．插秧机的调整及标准作业 [J]. 农机使用与维修，2008（4）：36.

［37］付成山．使用水稻插秧机的注意事项 [J]. 湖北农机化，2009（2）：28~35.

［38］王险峰．喷雾机的性能标准及田间操作规程（续）[J]. 现代化农业，2002（10）：8~9.

［39］赵立新，张照云．喷雾机田间作业使用注意事项 [J]. 现代化农业，2009（8）：17~18.

［40］王吉祥．机动喷雾机的正确使用与故障排除 [J]. 江苏农机与农艺，2000（4）：22~23.

［41］李斌，陆张俊．常量喷雾机的使用与维护 [J]. 农业机械，2009（4）：43~45.

［42］赵文斌，牛新民，李莹菊．小麦联合收割机的使用、故障分析及保养 [J]. 河南农业，2009（9）：47~48.

［43］杨树成．如何正确使用与保养联合收割机 [J]. 农机使用与维修，2009（4）：65.

［44］刘善辉，徐凤文．联合收割机的保养及休闲保管技术 [J]. 湖南农机，2009，36（6）：69~70.